KB144735

김수미표 눈대중 레시피북 ②

수미네
반찬

일러두기

- 계량컵이나 수저 대신 "이 정도" "요만치" "는 둥 만 둥" "간장은 물 색깔 보고 기분 따라" 등 〈수미네 반찬〉의 레시피는 다른 레시피와 디르며, 보리굴비와 고사리처럼 도통 섞일 것 같지 않던 재료들도 맛깔스럽게 버무려져 식탁에 오릅니다.
- 가마솥에 안친 뜨끈하고 고소한 밥처럼 천천히 제대로 익혀 여러분 앞에 잘 차려놓았습니다.
- 하지만 책자를 보고 그대로 따라 하시는 분들을 위해 김수미 선생님의 레시피를 그대로 싣지 않고 한식 전문가의 도움을 받아 부분 해석해서 실었습니다. 재료의 양은 평균 3인분 이상을 기준으로 하였습니다.
- 한 끼 식단의 가치는 각종 조리 자격증과 값비싼 식재료만으로 계산되지 않고 만드는 사람의 정성과 요리에 대한 애정을 담기 때문에 요리에는 정량과 정답이 없다고 말할 수 있습니다.
- 반찬을 직접 만들어 먹는 사람들이 정말 쉽게 펴서 즐기며 볼 수 있는 《수미네 반찬》으로 집 나간 입맛을 되찾으시기 바랍니다.

엄마가 반찬을 해놨다~

수미네반찬
김수미표 는둥만둥 레시피북 ❷

김수미 · 여경래 · 최현석 · 미카엘 아쉬미노프 · *tvN* 제작부 지음

BM (주)도서출판 **성안당**

차
례

서문

신은 추억을 아름답게 하기 위해 음식을 만들었나 보다 / 9

part 1

나는 오늘도 추억이란 이름의 음식을 요리한다 / 15

수미네반찬

신은 추억을
아름답게 하기 위해
음식을 만들었나 보다

나는 오늘도 요리를 한다. 요리를 대접하는 대상은 늘 다르지만, 내가 만든 모든 음식을 빠짐없이 맛보는 단 한 사람이 있다.

'김화순'.

내 나이 열여덟, 당신의 어린 딸을 위해 불편한 노구를 이끌고 밭에서 열무를 뽑다 작고한 사랑하고 존경하는 어머니의 이름이다.

'꽃 화花' 자, '순할 순順' 자, 이름 그대로 꽃같이 아름다웠던 어머니는 내가 음식을 만드는 이유다.

어린 시절, 나는 꽤나 영특한 아이였다. 비록 으리으리한 빌딩보다 허름한 초가집이 많고, 세련된 신사숙녀보다 말 못하는 소와 돼지가 많던 시골 마을에서 자랐지만 말이다.

아버지는 성적이 제법 좋았던 내가 퍽 자랑스러웠던 모양이다. 내가 초등학교를 졸업하자마자 황토 고구마가 나오는 널찍한 고구마 밭을 몽땅 팔아 서울로 유학을 보낸 것을 보면 말이다.

서울에 작은 방 한 칸을 얻어 주인집 눈치를 보며 살던 10대 소녀는 항상 배가 고팠다.

종종 어머니가 바리바리 음식을 싸들고 자취방에 오셨지만 대부분 냄비 밥에 신 김치를 반찬 삼아 끼니를 해결해야 했기에 늘 맛있는 음식에 대한 갈증에 허덕였다.

유난히 딸을 끔찍이 여기셨던 어머니는 내가 학교에 갔다 오면 조용히 불러 귓속말로 "찬장 속 비밀 창고에 굴비 고사리와 미제 사탕을 숨겨 놨다."고 속삭이곤 하셨고, 나는 부리나케 찬장으로 달려가 보물찾기 하는 심정으로 음식을 찾아내곤 했다.

내게 음식이 그리움이자 설렘으로 다가오는 이유다.

'왜 나는 배우인데 정작 연기는 하지 않고 예능 프로그램에 목숨을 걸까?'

스스로에게 질문을 던져봐도 정답을 찾을 수 없었다.

그저 '내가 정성껏 만든 음식을 누군가가 맛있게 먹는 모습을 보는 게 좋아서'라는 케케묵은 교과서에 나올법한 대답을 겨우 찾았을 따름이다.

왕성한 식욕에 식탐까지 옹골찼던 언니, 오빠들 등쌀에 행여 막내딸이 배를 곯지는 않을까 걱정스러워 항상 몰래몰래 음식을 내놓던 화순 씨 마음이 바로 지금 내가 요리를 하는 뜻과 한가지로 통한다.

막내딸이 음식을 탐하는 모습마저 사랑스럽게 바라보던 어머니 마음이 손에 잡히는 듯하다. 나 역시 여경래 세프가, 현석이가, 미카엘이, 또 다른 누군가가 내가 만든 음식을 맛있게 먹는 모습을 바라보는 것만으로도 배가 두둑해지는 느낌이다.

못내 안타까운 사실은 이제 막내딸이 만든 음식을 평가해줄 어머니가 계시지 않다는 것이다. 그럼에도 불구하고 나는 오늘도 화순 씨에게 대접할 음식을 정성껏 만들어본다. 그리고 내가 직접 요리한 음식들이 놓인 상 한편에 어머니를 위한 자리를 만들어놓는다. 화순 씨, 그 이름만으로도 그리운 사람, 어머니를 위해 만들기 시작한 요리가 여기까지 왔다는 사실이 새삼스럽다.

앞으로도 난 항상 누군가에게 음식을 퍼줄 거다. 김치, 게장, 육전, 닭볶음탕……. 내 음식을 먹고 싶어 한다면 난 언제든 앞치마 끈을 질끈 동여맬 것이다.

감당하지 못할 만큼 큰 관심과 사랑 속에 엄니와의 추억을 두 번째로 엮어낼 기회를 얻게 됐으니 이 자리를 빌려 감사하고 또 감사하다는 말을 전하고 싶다.

《수미네 반찬 ②》. 내게 있어 이 책은 엄니와의 추억에 대한 일기장이다. 희미해져 가는 기억은 아쉽지만 책으로 남기는 마음은 흐뭇하다.

부디 이 책을 읽는 독자들도 사랑하는 우리 엄니와의 추억을 재료로 만든 내 음식을 통해 가족의 소중함과 행복을 깨닫기를 바라본다.

_ 엄니 곁에 더 가까워진 나이에
오늘도 당신을 추억하는 막내딸 김수미

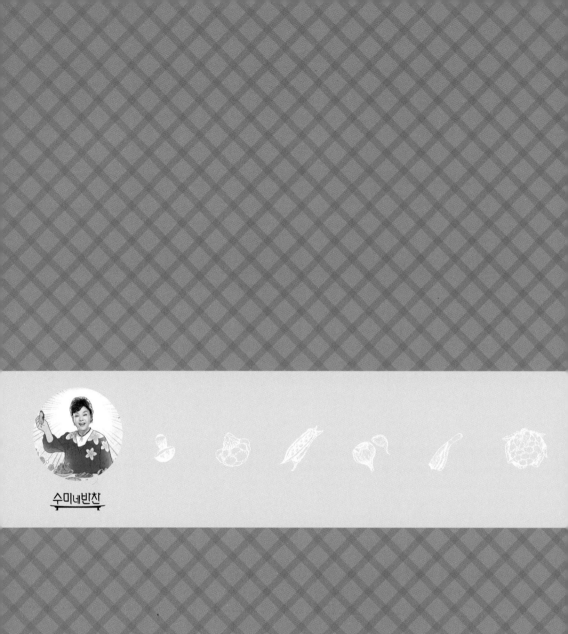

수미네반찬

part **1** 추억

수미네
반찬

나는 오늘도
추억이란 이름의 음식을
요리한다

고백컨대 내가 결혼을 결심한 이유는 십 중 십, 우리 시어머니 때문이었다. 2년 넘는 구애에도 꿈쩍하지 않던 내가 어느 날은 뭐에 홀렸는지 남편 식구들의 식사 자리에 따라나섰더랬다. 마음에 꼭 들어차지 않는 남자와 그 집안사람들과의 식사 자리가 사뭇 불편했음은 불문가지일 터. 하지만 첫 만남부터 내게 가슴을 열어 당신의 마음을 온전히 나눠준 시어머니의 푸근한 미소 덕분에 어색하고 어려운 자리를 버텨낼 수 있었고, 결국 그의 인품에 끌려 '아는 오빠'에서 '남편'으로 자리바꿈을 결정하고야 말았다.

10대 시절 어머니를 잃은 내게 그녀는 하늘이 선물해준 또 다른 어머니였다. 항상 나를 '우리 딸'이라고 불러주신 시어머니는 부부 싸움이라도 한 날이면 오히려 당신 아들을 호되게 혼낼 정도였다. 심지어

남편이 어머니 눈칫밥을 먹느라 기가 죽어 있는 모습이 안쓰러워 부러 곰살갑게 굴곤 했던 기억이 생생하다.

항상 어머니 사랑과 관심에 목말랐던 내게 시어머니는 사막의 오아시스이자 가뭄 중에 내린 단비와도 같았다. 자신의 수십 년 가족은 물론 직접 배 아파 낳은 아들조차 뒷전인 채 혹여 오동통한 닭이라도 잡은 날에는 두 다리를 뚝 떼어 몰래 숨겨놓았다가 내게 주시곤 했다. 생일이면 그동안 언감생심 욕심도 내지 못했던 고운 옷과 신으면 날아갈까 무서울 만큼 번쩍번쩍한 구두가 내 방 한구석에 놓여있기도 했다. 세상 어떤 딸도 느끼지 못할 과분한 사랑을 누구보다 어렵고 불편한 관계라는 시어머니로부터 받았으니 내 눈썰미도 제법 쓸 만하리라.

'우리 딸'이라는 시어머니의 부름이 자연스럽게 느껴질 때 즈음, 나역시 어느 순간 '어머니'라는 호칭을 당연하게 여기기 시작했다.

하지만 과유불급이라고 했던가. 시어머니의 넘치는 사랑이 때로는 내게 예기치 못한 부작용을 안겨주곤 했다. 이야기는 남편과 결혼을 마쳤을 때로 거슬러 올라간다.

결혼식을 끝내고 한 집안의 며느리가 된 후 시댁 식구들과 처음으로 얼굴을 마주한 밥상 앞에서 나는 적잖이 당황할 수밖에 없었다. 어린 시절 집안의 가장인 아버지의 생신이나 설에만 겨우 몇 조각 얻어먹었던 고기반찬이 종류별로 한가득 준비된 까닭이다. 놀라움은 여기서 그치지 않았다. 시댁에 머무는 동안 매 끼니마다 속이 부대낄 정도로 많은 가짓수와 넉넉한 양의 고기반찬이 상에 올랐다. 혹여 소중한 며느리 기력이 떨어질까, 속을 곯지는 않을까, 눈여겨 며느리 밥 먹는 모습을 지켜보시다가 수시로 "아가, 너는 왜 고기를 안 먹니?" 하시며 숟가락 위에 큼직한 고기를 얹어주시는 게 시어머니가 밥상에서 가장 자주하는 행동이었다. 비쩍 마른 며느리가 행여나 아플까 품에 넣고 보듬으려는 시어머니 나름의 사랑 표현이었기에 나는 매일 거북한 속을 부여잡고서도 세상 누구보다 복스럽게 음식을 먹어치웠더랬다.

'행복한 고민'이 바로 그런 것이었을까. 그때는 어떻게든 식사 자리를 피하기 위해 노력했던 내 모습이 지금은 우습기만하다. 없는 스케줄을 만들어 밖에 나가기도 했으니 말이다.

시어머니는 해외에서 학교를 다닌 소위 '엘리트'였다. 그래서인지 말투와 행동에서 은은하게 품격이 배어나왔다. 음식을 또 어찌나 맛깔나게 준비하시는지! 마치 푸딩 같은 일본식 달걀찜을 먹었을 때는 두 눈이 튀어나올 정도로 깜짝 놀랐고, 지금도 내 생선조림의 표준으로 삼고 있는 도미머리조림은 세계적으로 난다 긴다 하는 미슐랭3성급 레스토랑조차 명함을 내밀지 못할 정도로 훌륭했다.

살아간다는 것은 좋아하는 사람에게 적응하는 과정인가 보다. 문득 시어머니가 생각날 때면 미운 남편 손을 잡고 근처 일식집에서 도미머리조림에 청주 한 잔 곁들여 당신을 추억하곤 한다.

낭만주의 대표 문화평론가인 프랑스의 생트-뵈브Sainte-Beuve는 '시간은 흘러 다시 돌아오지 않으나, 추억은 남아 절대 떠나가지 않는다.'라는 말을 남겼다.

그의 말마따나 나 역시 수십 년 전 그때 추억이 기억 한 편에 아름

나는 오늘도 추억이란 이름의 음식을 요리한다

답게 수놓아져 있다. 지금 내가 만드는 모든 음식들은 그런 오랜 추억의 파편을 그러모아 재현한 것이다. 두 어머니의 그것에 비하면 턱없이 조악한 내 음식을 그나마 먹을 만치 맛이 들게 하는 건 당신들과 함께 쌓은 추억이란 이름의 조미료가 뿌려진 덕분일지도 모른다.

어느새 황혼을 바라보는 나이가 된 나지만, 두 어머니와의 추억은 그 어떤 기억보다 진하고 생생하다. 기억 저편 꼭꼭 숨겨놓은 나만의 꿀단지에서 꺼낸 소중한 추억을 담뿍 담아 음식을 만들 때면 마치 눈앞에 당신들이 앉아있는 것처럼 주름 모양 하나까지 흐트러짐 없이 두 눈 가득 선명하게 들어와 박힌다.

음식에는 분명 그 시간을 같이했던 이와의 추억이 머문다. 흔하디흔한 옥수수에 어머니와 함께 했던 어린 시절이 스며있고, 도미머리 조림에 시어머니 사랑이 촉촉이 배어있는 것처럼 말이다.

늘 어머니와의 추억을 곱씹는 나. 그래서 나는 오늘도 추억이란 이름의 음식을 요리한다.

수미네반찬

수미 반찬°

병어조림 / 노각무침 / 떡 잡채 / 전주식 콩나물탕 /

닭볶음탕, 닭볶음탕 볶음밥 / 육전 / 여리고추 멸치볶음 /

도미머리조림 / 콩자반 / 돼지고기 두루치기

셰프 반찬°

치즈크림 병어구이(신의 숨결) / 중국식 병어조림(홍샤워창위) /

병어 계란 파테 / 중국식 라조기 / 깐풍기 /

리코타치즈 닭가슴살구이(수미는 예뻤닭) / 치킨 키예프 /

리베나 쵸르바 / 돼지 앞다리살 스튜(수미의 단잠)

/ 병어조림 / 노각무침 / 떡 잡채 / 전주식 콩나물탕

/ 치즈크림 병어구이 / 중국식 병어조림

/ 병어 계란 파테

병어조림

침샘 폭발하게 하는 칼~칼한 국물, 입에서 살살 녹는
탱탱한 속살, 혀에서 포슬포슬 춤추는 하지감자, 황제
생선 '병어'의 화려한 변신 '병어조림'!

병어 5월부터 8월까지 제철이며, 살이 연하고 담백해 조림,
구이, 찜, 찌개 등 다양하게 조리된다. 전라도에서는 회로 먹거나 구이나
조림으로도 활용하고 크기가 작은 병어는 전으로 부쳐 먹기도 한다.

재료

병어 2마리(큰 거 2마리 또는 작은 거 3~4마리), 양파 1개, 감자 2개,
홍고추 2개, 풋고추 2개, 대파 1.5대

양념 다진 생강 1/2큰술, 다진 마늘 2.5큰술, 매실액 1큰술, 양조간장 4큰술,
고춧가루 1큰술, 물 400ml

❶
양파(1개, 4등분), 홍고추(2개), 풋고추(2개)를 큼지막하게 썬 후 유리 볼에 담는다.

❷
다진 생강(1/2큰술), 다진 마늘(2.5큰술), 매실액(1큰술), 양조간장(4큰술), 고춧가루(1큰술), 물(400ml)을 ❶의 유리 볼에 넣고 양념장을 만든다.

❸
병어(2마리)는 지느러미, 꼬리를 손질한 후 반 토막을 내어 내장을 제거한 다음 칼을 뉘어 양면에 칼집을 낸다.

tip. 비린내가 심한 생선을 제일 나중에 손질한다. 병어에 양념이 잘 배도록 칼을 뉘어 양쪽에 칼집을 내준다.

❹

바닥이 넓은 냄비에 감자(2개)를 두껍
게 썰어 깔고 손질한 병어를 올린 다음
양념장을 붓는다.

완성

감자가 어느 정도 익으면, 크게 썬 대파
(1.5대)를 넣은 후 약불로 조려 완성!

TIP

하지감자 : 전라도에서 하지(음력 5월경)때 캐어 먹는 감자라
하여 '하지감자'라고 한다.

노각무침

아삭아삭한 맛이 시원, 상큼! 집 나간 입맛 컴온!

노각 여름 제철 식재료로 무더위에 잃었던 입맛을 살리는 데 도움이 되는 채소. 저렴한 가격에 구입할 수 있고 일반 오이에 비해 큰 크기를 자랑하는 노각을 늙은 오이라고 부르기도 한다.

울외(박과) 참외와 유사하며, 노각보다 작은 식물. 익어갈수록 녹색이 옅어져 흰색으로 변한다.

재료

노각 1개, 대파 1/2대, 고추장 1큰술, 된장 1/2큰술, 소금 1작은술,
식초 2큰술, 다진 마늘 1큰술, 설탕 2작은술, 통깨 2큰술, 참기름 약간

①

껍질을 벗긴 노각을 3등분하여 숟가락으로 씨를 긁어 빼낸다.

②

3등분해 씨를 빼낸 노각은 행주 위에 올려 물기를 없애면서 굵게 채 썰어 준다(나무젓가락 사이즈).

③

고추장(1큰술), 된장(1/2큰술), 소금(1작은술), 설탕(2작은술), 다진 마늘(1큰술), 식초(2큰술)를 넣어 양념장을 만든다.

❹
양념장에 채 썰어둔 노각을 넣고 손으로 조물조물 버무린다.

완성

통깨, 참기름, 채 썬 대파를 넣어 한 번 더 버무려주면, 아삭아삭~ 시원, 상큼한 별미, 노각무침 완성!

노각마다 맛이 다른데 쓴맛이 더 있는 노각이 있을 수 있어요.

떡 잡채

궁중 떡볶이의 국물 없는 버전. 고추장이나 고춧가루가 들어가지 않아 어른과 아이 모두 즐길 수 있는 음식!

재료

소고기 (부드러운 부위) 150g, 양조간장 1큰술, 후춧가루 약간,
다진 마늘 1큰술, 설탕 1작은술, 가래떡 3~4줄, 양파 1/2개, 홍피망 1개,
청피망 1개, 참기름 2큰술, 통깨 1큰술, 검은깨 1/2큰술

양념 양조간장 4큰술, 꿀 1큰술

❶

소고기(150g)는 양조간장(1큰술), 설탕 (1작은술), 다진 마늘(1큰술), 후춧가루(조 금), 참기름(1큰술)을 넣고 밑간한다.

❷

가래떡은 10cm 길이로 잘라 십자 내 기로 등분하고, 양파(1/2개), 홍피망(1개), 청피망(1개)을 두껍게 채 썬다.

❸

양조간장(4큰술), 꿀(1큰술)을 넣어 양념 장을 만든다.

❹

팬에 올리브유를 두르고 약한 불에 밑간한 고기를 볶는다.

❺

고기를 팬 한쪽으로 밀어두고 팬의 다른 한쪽에 양파, 홍피망, 청피망, 야채를 넣고 팬을 기울여 볶다가 가래떡을 추가해 볶는다.

❻

❸의 양념장을 넣고 함께 볶는다.

완성

참기름(1큰술), 통깨(1큰술), 검은깨(1/2큰술)를 넣어 마무리한다.

전주식 콩나물탕

술 먹은 다음 날 아침, 해장으로 제격!
콩나물이 익을 때까지 뚜껑을 열어서는 안 되며, 짧은 시간에 끓여주는 게
포인트!

재료

콩나물 한 줌, 밴댕이 2마리, 다시마 1장(정방 10cm), 육수용 멸치 3마리,
대파 뿌리 2개, 물 300ml, 다진 마늘 1작은술, 새우젓 1작은술,
청양고추 1/2개, 계란 1개, 고춧가루 1/2작은술, 통깨 1큰술

①

뚝배기에 국물 재료로 다시마, 멸치, 밴
댕이, 대파 뿌리를 넣는다.

②

국물 재료 위로 뿌리를 다듬은 콩나물
(한 줌)을 넣는다.

③

뚝배기 가득 물을 채우고 다진 마늘(1작
은술), 새우젓(1작은술)을 올린 후 뚜껑을
덮고 6~7분간 빠르게 끓여준다.

❹
고명으로 청양고추와 통깨를 올린다.

❺
계란을 넣는다. 노른자는 풀지 않고 그
대로 두고 2~3분 정도 더 끓인다.

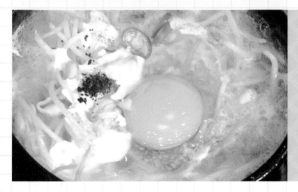

완성

마지막으로 고춧가루를 조금 넣으면 얼
큰하고 개운~한, 수미표 전주식 콩나물
탕 완성!

최현석 셰프

치즈크림 병어구이(신의 숨결)

부드러운 병어와 빵, 레몬 껍질의 이색 조합!

재료

병어 1마리, 식빵 2조각, 레몬 껍질, 생크림 250ml, 체더치즈 3장,
올리브유 2큰술, 소금과 후춧가루 약간씩

①

병어 가시를 제거해 살만 사용한다.

②

생크림에 치즈를 넣고(본인이 좋아하는 녹는 치즈를 사용) 불에 올려 치즈를 녹인 소스를 만든다.

③

소스는 타지 않게 잘 저어준다.

④
식빵 테두리를 잘라내고 병어살 위에 꾹꾹 눌러 붙인다. 병어살은 소금과 후춧가루로 간을 한다.

tip. 병어살은 껍질 쪽에 칼집을 내어 덜 쪼그라들게 한다.

⑤
달군 팬에 올리브유를 두르고 병어를 올려 앞뒤로 노릇노릇하게 구워준다.

⑥
소스를 접시에 먼저 담고, 풍미를 더해줄 레몬 껍질 중 노란 부분만 첨가한다.

완성

병어를 소스 위에 얹으면 고급진 비주얼의
치즈크림 병어구이 완성!

여경래 셰프

중국식 병어조림(홍샤워창위)

각종 채소를 곁들인 매콤하고 향긋한 소스와
부드러운 병어살의 극강 콜라보, 중국식 병어조림!

재료

병어 1마리, 노추간장(중국식 간장) 1/2큰술, 대파 1대, 마늘 3~4개,
표고버섯 1개, 배춧잎 1장, 청고추 2개, 홍고추 2개, 죽순 약간,
양조간장 1큰술, 식용유 적당량, 굴소스 1큰술, 후춧가루 약간,
전분물 2큰술, 물 300ml

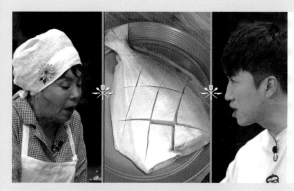

①

병어의 뼈에 칼이 닿을 정도로 깊게 다이아몬드형 칼집을 넣어준다.

②

중국식 간장인 노추간장을 병어에 발라주고, 미리 달궈둔 기름에 살짝 튀겨준다.

③

앞뒤로 잘 튀겨진 병어는 잠시 한쪽에 두고 대파와 청고추, 홍고추는 어슷 썰고, 마늘은 저민다. 또 표고버섯, 죽순, 배춧잎은 한입 크기로 썬다.

④

달군 팬에 기름을 두르고 파, 마늘을 넣어 볶다가 양조간장(1큰술)과 손질된 나머지 채소, 굴소스를 넣은 후 잘 볶는다.

⑤

재료가 잠길 정도로 물을 부은 후 후춧가루를 조금 넣고 끓이면 육수 완성!

⑥

완성된 육수를 병어 위에 붓고 약 10분간 졸인다.

❼

병어살을 먼저 건져 올린 후 전분물을
부어 육수를 걸쭉한 소스로 만든다.

완성

소스를 병어에 얹어주면 완성!

중국식 병어조림(홍샤워창위)!
코를 사로잡는 향긋한 향~

41

미카엘 셰프

병어 계란 파테

탱글탱글한 계란 흰자 위에 부드럽게 합쳐진 병어와 감자의 만남!

파테 고기, 생선, 채소 등 다양한 재료를 갈아 빵에 발라먹는 것.

재료

삶은 병어 1마리, 삶은 감자 1개, 계란 6개, 레몬 1개, 빵 1조각,
고춧가루 약간, 소금과 후춧가루 약간씩, 버터 2큰술

❶

삶은 병어와 감자, 여기에 신맛을 위해 레몬즙과 병어와 삶은 물에 적신 빵을 함께 넣고 소금과 후춧가루로 간을 한 후 1차로 믹서기에 갈아준다.

✻ tip. 병어는 물을 꼭 짠 후 잘게 부수어 넣는다.

❷

녹인 버터를 넣어주고 잘게 갈아준다.

❸

상큼함을 위해 레몬 껍질을 첨가한다.

❹

계란은 미리 삶아 껍질을 벗기고 반으로 잘라 노른자와 흰자를 분리한다. 노른자는 으깨서 소금과 고춧가루를 넣고 섞는다.

완성

으깬 노른자는 보기 좋게 접시에 담아둔다. ❹에서 만든 소는 적당히 집어 흰자에 넣고 접시 위 노른자 위에 보기 좋게 얹어주면 완성!

쉽고 간편하게 병어 계란 파테~

맛있는 반찬을 함께 먹는 이 순간이 진정한 행복의 순간!

닭볶음탕

매콤한 양념이 배인 쫄깃쫄깃한 닭고기와 포슬포슬한 감자의 만남! 작가와
스텝들이 몹시 기다렸던 반찬!

재료

닭 1kg, 감자 2개, 대추 5알, 통마늘 6개, 대파 2대, 양파 1개, 당근 1개, 풋고추 1개,
홍고추 1개, 생강 썬 것 5쪽, 참기름 1큰술, 통깨 약간, 살균용 식초 약간, 설탕 3작은술(+1작은술)

양념   진간장 150~200ml(닭의 크기에 따라 양조절), 다진 마늘 1국자(+3~4큰술), 다진 생강 25큰술,
고추장 1.5큰술, 고춧가루 2국자, 매실액 1큰술, 후춧가루 약간, 물 500ml

✽어떤 요리를 하느냐에 따라 다른 다양한 닭 크기

tip ✦ 소(5~6호) : 삼계탕 / ✦ 중소(7~9호) : 튀김 조리용(치킨) / ✦ 중(10~12호) : 백숙 & 닭볶음탕 /
    ✦ 대(13~14호) : 백숙 & 닭볶음탕 / ✦ 특대(15~16호) : 닭곰탕

• 닭볶음탕은 중 혹은 대 크기로 한다는 점 잊지 마세요~

①

먹기 좋게 자른 생닭에 식초를 한번 둘러 씻어주고(살균 효과), 끓는 물에 살짝 (5~6분) 데친 후 건져서 찬물에 헹궈준다.

✳ tip. 닭은 양념을 넣기 전 데쳐주면 잡내 제거와 살균 효과가 있다.

②

진간장(150ml), 물(500ml), 다진 마늘 (미쳤다 할 정도, 1국자), 다진 생강(2.5큰술), 고추장(1.5큰술), 고춧가루(2국자), 매실액(1큰술)을 넣고 양념장을 만든다.

③

당근, 풋고추, 홍고추를 큼직큼직하게 썰어 양념장에 넣고, 설탕(3작은술)을 넣는다.

❹

넓고 깊은 팬에 닭을 넣고 양념장, 재료가 덮일 정도의 물, 대추(5알), 편 썬 생강(5편)을 넣고 뚜껑을 덮어 센 불에서 끓인다.

❺

간을 본 뒤 싱거우면 간장(3~4큰술), 후춧가루(1작은술), 설탕(1작은술 정도)을 추가한다.

수미네
반찬
닭볶음탕 + 닭x음밥

김수미 ✎   닭볶음탕에 파를 많이 넣어야 돼

❻

20분 후에 중불로 바꾸고 큼직하게 썬 뒤 모서리를 돌려 깎은 감자, 통마늘(6개), 큼직하게 썬 양파(1개)를 넣는다. 어느 정도 익으면 크게 썬 대파(2대)를 넣는다.

49

완성

감자가 익어갈 때쯤 참기름(1큰술)과 통깨를 뿌려 마무리한다.

수미네 반찬
가을 대하가 왔어요~
간장새우찜 & 대하소금구이

음~
맛있다

수미네 반찬
가을 대하가 왔어요~
간장새우찜

배고파서
짜장면 먹고 오겠다!

Executive Chef
Hyun-Seok Choi

❶

닭볶음탕 국물을 팬에 넣고, 그 위에 밥을 올리고 비벼준다.

❷

흰자와 노른자를 섞은 계란을 넣는다.

❸

치즈와 통깨를 넣어주고, 김가루도 올려준다.

완성

잘게 자른 깻잎을 뿌려주면 완성!

어쩌면 내자식은 영영 모를 수도 있는 '엄마의 반찬'.
혹여 못해 먹더라도 기억이라도 해줬으면 하는 바람에
오늘도 엄마는 분주합니다.

육전

간단하면서도 고급스러워 집들이 요리나 손님 초대 요리로 으뜸!

재료

부챗살 300g 정도, 계란 3개, 찹쌀가루 5~6큰술, 영양부추 1/2줌,
양파 1/2개. 소금과 후춧가루 약간씩, 올리브유 적당량

양념 (겨자초간장) 식초 5큰술, 연겨자 2작은술, 간장 2큰술

❶
육전용으로 얇게 썬 부챗살을 쟁반에 넓게 펼친 후 소금, 후춧가루로 밑간을 한다.

❷
부챗살의 앞, 뒷면에 찹쌀가루와 계란물을 입혀 올리브유를 두른 팬에 올려 구워준다. 육전을 구울 때는 한쪽 면을 완전히 익힌 다음에 딱 한 번만 뒤집어 다른 한쪽 면을 마저 익힌다.

❸
얇게 채 썬 양파와 4~5cm 길이로 썬 영양부추를 준비하고 구운 육전에 조금 올려 돌돌 말아낸다.

tip. 부추와 양파를 너무 많이 넣으면 고기의 맛을 느낄 수 없으므로 조금씩 넣어준다.

④

식초(5큰술), 연겨자(2작은술), 간장(2큰술)을 넣어 양념장을 만든다.

육전 소스 = 식초, 연겨자, 간장

완성

잔칫상을 떠오르게 하는 수미네 육전 완성!

TIP
부챗살 : 소의 어깨뼈 바깥쪽 하단부에 있는 부채 모양의 부위

여리고추 멸치볶음

매콤한 향과 짭짤한 감칠맛이 어우러진 맛의 예술!

여리고추

여리고추

고추꽃이 핀 지 7일~10일 사이에 수확한 고추

꽈리고추

재료

여리고추 600g, 멸치 600g, 간장 250ml, 물 500ml, 꿀 3큰술,
설탕 2작은술, 참기름 2큰술, 통깨 1큰술

1

멸치는 따로 손질을 하지 않고 아무것도 두르지 않은 팬에 넣어 놀~놀~하게 볶는다.

2

볶던 멸치에 간장을 붓는다.

3

물을 자작하게 붓는다.

❹

여리고추를 가득 넣고 30분 정도 조려
준다.

❺

꿀(3큰술), 설탕(2작은술)을 넣고 참기름
과 통깨를 넣어 섞어준다.

설탕 2작은술을 넣어줍니다

완성

수미네 여리고추 멸치볶음 완성!

수미네 반찬

김수미 선생님께.

선생님 안녕하세요. 저는 미국 뉴저지에 사는 두 아이의 엄마 안젤릭입니다. 오늘 김치 담는 법을 알려주시면서 '고구마순 김치'를 만드는데, 선생님이 만드는 모습을 보자 할머니에 대한 그리움과 이제 다시는 할머니가 해주시는 그 음식을 먹을 수 없다는 서글픔에 그렇게 전 한참을 울었습니다. 제가 어린 시절, 저만 할머니 밑에서 자랐는데 특히나 여름만 되면 고구마순 줄기를 저도 고사리 같은 손으로 손이 까매질 때까지 벗기면서도 그때는 그게 맛있는 건 줄도 모르고 심지어는 잘 먹지도 않았었어요.

미국에서 산지 벌써 18년이 지나면서 불쑥불쑥 그리워지는 할머니가 차려주신 밥상이 너무나도 생각납니다. 제가 왜 배우지 않았을까 하는 후회를 해보지만 너무 늦었어요. 저도 아이들을 키우면서 모든 걸 다 제 손으로 만들어서 건강한 밥상을 만들려고 해요. 하지만 단 한 가지 김치만은 매번 실패해서 지금껏 포기하고 살았는데 선생님의 '여름 김치'를 보면서 도전해보고 싶은 마음이 생겼어요. 때로는 음식에서 얻는 치유가 그 어떤 약이나 의사의 처방보다 더 많은 마음의 위안을 받잖아요. 그냥 선생님께 감사하다는 말씀드리고 싶었어요. 부디 행복하고 건강하시고, 계속해서 '수미네 반찬' 부탁드려요.

제가 고구마순 김치 보내드릴게요.
제가 많이 담아서 보낼 테니
할머니도 그리워하고 어린 시절 추억도
한 번 새기고 그리고
이웃 분들하고 나눠서 드세요.

사랑하구요. 선생님과 가족 분들을 위해서 기도드리겠습니다.

(p.s.고구마순 김치 너무 먹고 싶어요.)

고구마순 김치 보내드릴게요

여경래 셰프

중국식 라조기

닭고기를 튀겨서 여러 채소와 함께 볶은 사천 지방 음식!

재료

닭다리살 2쪽, 전분물 2큰술, 계란물 1~2큰술, 죽순 약간(1개),
청피망과 홍피망 1/2개씩, 표고버섯 1개, 양송이버섯 2개, 마늘 2~3알,
대파 흰 부분 1대, 고추기름 2큰술, 참기름 1큰술, 자른 건고추 2개,
양조간장 1/2큰술, 물 200ml, 굴소스 1큰술, 후춧가루 약간, 튀김용 기름 적당량

1

닭은 다리살과 뼈를 분리해서 살만 발라내서 잘게 썰어준다.

2

전분물과 계란물로 튀김옷을 입혀서 치댄다.

tip. 튀김옷은 많이 입히지 않는 게 중요하다. 얇게 튀김옷 입히기!

3

웍에 기름을 붓고 온도가 적당한지 튀김 반죽을 하나 넣어보고 떠오르면 닭을 한 덩이씩 넣어서 튀겨준다. 튀기는 도중 뜰채로 건져서 툭툭 쳐주면 반죽 입자가 깨져 그 안으로 기름이 들어가서 더 바삭하게 튀겨진다.

❹

청피망과 홍피망, 죽순, 대파, 마늘, 표고버섯, 양송이버섯, 건고추 등 부재료를 듬성듬성 썰어 준비해둔다.

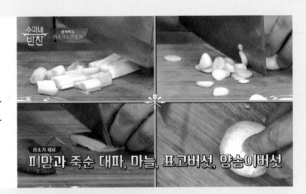

❺

프라이팬에 고추기름을 두르고 자른 건고추, 대파, 마늘을 넣어서 살짝 볶아주다가 양조간장(1/2큰술)과 손질한 채소를 모두 넣고 살짝 볶는다. 소스가 될 물(200ml), 굴소스(1큰술), 후춧가루를 약간 넣고 살짝 끓이다가 튀긴 닭고기를 넣어준다.

완성

몇 번 뒤적거리다가 전분물(1큰술)을 여러 군데 골고루 조금만 뿌려준 다음 고추기름과 참기름을 조금 넣어서 윤기를 더해주면 라조기 완성!

여경래 셰프

깐풍기

채소들의 아삭한 식감과 부드러운 닭고기의 조화!

재료

닭다리살 2쪽, 전분물 2큰술, 계란물 1~2큰술, 후춧가루 약간, 참기름 1큰술,
튀김용 기름 적당량, 대파 흰 부분 1대, 피망 1/2개, 다진 마늘 1.5큰술,
고추기름 1.5큰술, 건고추 1개

양념 물 2큰술, 식초 2큰술, 굴소스 2큰술, 설탕 2큰술, 꿀 혹은 올리고당 2큰술,
후춧가루 약간, 양조간장 2큰술

1

대파 흰 부분을 잘게 썰고 잘게 썬 피망, 다진 마늘과 후춧가루를 넣어서 준비해 둔다.

2

웍에 고추기름, 건고추를 넣고 볶다가 준비된 야채를 모두 넣고 마늘 향이 날 때까지 볶는다.

3

양념장을 넣고 살짝 끓이다가 튀긴 닭다리살을 넣고 버무린다.

tip. 깐풍기는 전분물 없이 조려준다.

 완성

참기름까지 뿌려주면 깐풍기 완성!

TIP 깐풍기 양념장 : 물, 양조간장, 굴소스, 설탕, 꿀, 식초, 후춧가루를 넣어서 만든다.

엄마들은 왜 맛있고 좋은 건
자식들을 주고 본인은 정작
안 드셨을까요?

최현석 셰프

리코타치즈 닭가슴살구이(수미는 예뻤닭)

와인 향과 잘 어우러진 이탈리아 식재료를 만난
닭가슴살의 화려한 변신!

재료

닭가슴살 2덩이, 모르타델라 2장, 리코타치즈 2큰술, 밀가루 2큰술,
화이트와인 1/2컵, 버터 2큰술, 애플민트 1/2큰술, 소금과 후춧가루 약간씩,
올리브유 적당량

만드는 법

❶

닭어깨뼈를 살려서 가슴살만 손질
한다.

❷

살이 도톰한 중간 부분에 깊숙이 칼
집을 넣는다.

❸

모르타델라 소시지 위에 리코타치
즈를 얹고 돌돌 말아준다. 그리고
칼집을 낸 닭가슴살 속으로 모르타
델라 말이를 넣어준다.

69

셰프 반찬

④

닭가슴살 앞뒤로 소금과 후춧가루 간을 해준다.

⑤

밀가루 옷을 살짝 입혀 올리브유를 두른 팬에 센 불로 굽는다.

⑥

노릇노릇하게 익으면 화이트와인을 한 바퀴 휘익 둘러준다.

❼

소금을 넣어 간하고, 버터의 풍미를 한껏 느낄 수 있도록 버터(2큰술)를 듬뿍 넣는다.

완성

다진 애플민트까지 뿌려주면 완성!

침 흘리면 지는 거예요.
주말에 한번
만들어 보세요!

미카엘 셰프

치킨 키예프

입에 넣는 순간 불가리아에 도착한 느낌~. 버터와 딜, 닭가슴살의 새로운 식감과 맛!

키예프 허브를 넣은 버터를 뼈를 발라낸 닭가슴살로 싸서 달걀을 묻혀 빵가루를 입힌 다음 넉넉한 기름에 튀겨낸 우크라이나 요리

재료

닭가슴살 1쪽, 감자 2개 정도, 버터 3큰술, 다진 마늘 1/2작은술,
다진 딜 약간, 소금과 후춧가루 약간씩, 밀가루·계란물·빵가루 약간씩,
올리브유 적당량

❶

닭가슴살을 반으로 갈라 펼친 뒤 방망이로 두드려 얇게 편다.

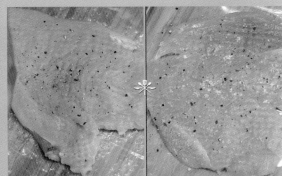

❷

소금과 후춧가루로 밑간을 해준다.

❸

버터(2큰술 정도)를 스틱 모양으로 준비해 딜에 흠뻑 묻혀준 후 닭가슴살 위에 올려준다.

❹

다진 마늘을 조금 올리고 닭가슴살을
돌돌 말아준다.

❺

밀가루 → 계란물 → 빵가루를 묻혀준다.

❻

올리브유를 두른 팬에 약불로 구워준다.

tip. 빵가루는 금방 타기 때문에 약불에 굽기!

Tip
빵가루는 금방 타기 때문에 약불에 굽기

❼

올리브유를 적당량 두른 새 팬에 버터를 얹어 동그랗게 모양을 낸 삶은 감자를 굽는다.

❽

잘 구워진 감자에 딜을 뿌리고 소금 간을 한 후 접시에 담아준다.

닭가슴살을 반으로 자르면~
버터가 쭈룩~

완성

감자를 밑에 깔고 그 위에 닭가슴살을 얹으면 완성! 버터와 딜의 조화~ 닭가슴살인 듯 아닌 듯 새로운 식감과 맛!

수미네
반찬

도미머리조림 · 콩자반 · 돼지고기 두루치기
리베나 쵸르바 · 돼지 앞다릿살 스튜

도미머리조림

양념이 쏙 밴 도미 머리와 곤약 그리고 무의 환상적인 조합!
달콤 짭쪼름한 맛이 술안주로도, 밥반찬으로도 good!

재료

도미 머리 2개, 무 1/2개, 일본 간장 150ml, 물 700ml, 풋고추 3개,
홍고추 1개, 대파 흰 부분 1대, 설탕 3큰술, 후춧가루 약간,
매실액 2큰술, 저민 생강·저민 마늘 적당량, 곤약 100g 정도,
전분물 10큰술, 청주 혹은 식초 약간

신선한 도미 고르는 법 눈동자가 까맣고 선명할수록 신선하며, 동공이 불투명한 도미는 피하는 것이 좋다.

역시 생선은 꼬리보다 머리!

❶
도미 머리(2개)는 지느러미를 제거한다.

❷
무(1/2개)는 약 3cm 두께로 잘라 고급스럽게 모양을 낸다.

❸

냄비에 무를 넣고 일본 간장(150ml), 물 (700ml)을 넣고 끓이다가 풋고추(3개), 홍고추(1개)는 통으로 넣는다. 설탕(3큰술), 매실액(2큰술), 후춧가루를 조금 넣고 끓인다.

❹

무를 젓가락으로 찔러 보아 설컹하게 반 정도 익으면 도미 머리를 냄비 바닥에 닿게 넣고 저민 생강과 저민 마늘을 넣어 중불로 조린다.

❺

중간에 대파 흰 부분을 통으로 넣고 도미 머리를 한 번 뒤집어준다.

❻

무가 다 익으면 곤약을 넣고 전분물(10큰술)을 넣는다.

무가 다 익어갈 때쯤 곤약을 투입

TIP ❶ 곤약은 직사각형 모양으로 얇게 썬 뒤 가운데 부분에 길게 칼집을 내고 그 구멍 사이로 끝부분을 넣어 꽈배기 모양을 만든다.

TIP ❷ 비린내가 나면 청주를 넣거나 식초를 약간 넣어도 좋다.

완성

고급진 수미네 도미머리조림 완성!

콩자반

장기간 밑반찬으로 손색없는 반찬! 간단하면서도 맛까지 좋아~

재료

검은콩(흑태 또는 서리태) 300g, 물 500ml, 간장 170g(물 양의 1/3정도),
설탕 6작은술, 꿀 2큰술, 참기름 1작은술, 통깨 1큰술

❶

깊은 냄비에 검은콩을 넣고 콩이 잠길 정도
로 물을 넣은 후 넣은 물의 1/3만큼 간장을
넣는다.

❷

냄비에 물이 끓어오르면 설탕(6작은술)을
넣는다.

❸

중불로 계속 익히다가 달짝지근하게 (기호
에 맞게) 꿀을 넣는다.

❹
마무리 단계에서 참기름을 아주 조금
(1작은술 정도) 두른다.

완성

지저분해 보이지 않을 정도로 통깨를
적당히 뿌린 후 불을 끄고 뚜껑을 덮
어 잔열에 잠시 두면 추억의 반찬, 콩
자반 완성!

세상 어떤 식탁도
부럽지 않은 훌륭한 밥상!

 식사시간
밥 준비해~

 상을 한번
차려 볼까요?
  응~

돼지고기 두루치기

살짝 익힌 파의 향과 식감으로 더 맛있는 두루치기! 고기를 얇게 써는 것이
포인트!

✿✿ 돼지 다릿살은 육질에 탄력이 있고 고소한 맛이 있어
두루치기에 적당하다.

- 각종 재료에 채소, 양념을 넣고 볶다 물을 넣고 끓인 두루치기.
- 돼지고기를 양념에 재운 후 물기가 거의 없게 볶는 제육볶음.
- 양념한 고기를 잘 주무른 후 숙성 과정 없이 숯불에 구워 먹는 주물럭.

재료

돼지고기 앞다릿살 300g, 돼지고기 뒷다릿살 300g, 양파 2개, 대파 2대,
설탕 4작은술, 물 50ml, 참기름 1큰술, 통깨 약간

양념 다진 마늘 듬뿍 5큰술, 다진 생강 듬뿍 1큰술, 고추장 4~5큰술,
고춧가루 4큰술, 양조간장 5큰술, 매실액 2큰술, 후춧가루 약간

❶
얇게 저민 돼지고기 앞다릿살, 뒷다릿
살을 먹기 좋은 크기로 썰고 양념이 잘
배도록 고루 편다.

❷
다진 마늘을 최대한 많이(5큰술 정도), 생
강도 많이(1큰술 정도), 고추장 듬뿍(2큰
술), 고춧가루(4큰술), 양조간장(5큰술),
설탕(4작은술), 매실액(2큰술), 후춧가루
를 3번 털어서 양념장을 만든다.

❸
가늘게 썬 양파(2개)와 돼지고기를 양념
장에 비벼 30분간 재워둔다.

❹
고추장 맛을 더 느끼고 싶다면 고추장
(2큰술 정도)을 추가한다.

❺
(기름 없이) 달궈진 팬에 양념된 돼지고
기를 올려 중불에 타지 않게 익힌다.

🌟 tip. 볼에 남은 양념에 물 50ml 정도를 넣고
훑어서 팬에 넣는다.

❻
고기가 거의 다 익었을 때쯤 길고 크게
어슷 썬 대파를 넣는다.

반찬

─ 만드는 법 ─

완성

마지막에 참기름을 살짝 두르고 통깨를
솔솔솔~ 뿌려주면, 밥 한 공기 뚝딱!
수미네 돼지고기 두루치기 완성!

미카엘 셰프

리베나 쵸르바

불가리아식 해장국, 도미 머리 수프! 불가리아에서는 해장국처럼 아침에
먹는 음식! 오직 도미 머리살과 채소로만 만든 비타민 폭탄 수프!

재료

삶은 도미 머리 1개, 다진 쪽파 한 줌, 파프리카 1개, 양파 1개,
당근 1개, 감자 2개, 토마토 3개, 셀러리 줄기 한 줌, 파슬리 약간,
소금과 후춧가루 약간씩

❶

삶은 도미 머리의 깨끗한 살만 하나하나 바른다.

❷

도미 머리를 삶은 육수에 쪽파, 양파, 당근, 감자, 셀러리를 다져 넣고 약불에 끓인다.

❸

토마토를 살짝 삶아 껍질을 벗겨낸다.

tip. **토마토 껍질은 식감을 방해하고 소화가 잘 안 되므로 벗겨주세요.**

❹

껍질을 벗긴 토마토(3개)를 다져서 넣
어주고 파프리카는 센 불에 구워서 껍
질을 벗기고 다진다.

tip. 파프리카 껍질은 센 불에 구워 벗기면 쉽
게 벗겨져요.

❺

소금, 후춧가루를 넣고 약 30분간 끓여
준다.

❻

도미 머릿살을 넣어준 후 잘 저어준 다
음 불은 꺼준다.

tip. 살은 오래 있으면 부서지므로 5분에서 7분
까지만 끓인다.

7

건더기를 먼저 떠주고 국물 한 번, 생선
기름 국물까지 담아준다.

 완성

다진 파슬리를 올려 마무리한다.

미카엘, 정말 맛있다!

최현석 셰프

돼지 앞다리살 스튜(수미의 단잠)

먹으면 입 안이 편안해지는 수미의 단잠, '돼지 앞다리살 스튜!'

스튜 stew 고기를 큼직하게 썰어 채소들을 넣어 볶다가 잠길 정도의 물을 부어 푹 끓여 양념한 요리

재료

돼지 앞다릿살(전지살) 450g, 당근 1개, 양송이버섯 3~4개, 양파 1개,
셀러리 줄기 반 줌 정도, 마늘 2개, 데미글라스소스 3큰술,
소금과 후춧가루 약간씩, 레드와인 1컵, 케첩 1큰술, 머스터드소스 1큰술,
생크림 1/2컵, 올리브유 적당량

①

당근(1개)은 큼직하게 썰고 양송이버섯, 양파, 셀러리도 큼직하게 썬다.

②

올리브유를 두른 팬에 당근, 양파, 양송이버섯, 셀러리를 넣어 볶는다.

③

돼지 앞다릿살(450g)은 먹기 좋은 크기로 썰어 올리브유를 넣어 달군 팬에 볶아준다. 이때 소금으로 간을 해준 후 후춧가루를 뿌려준다.

❹

고기가 노릇노릇해질 때까지 맛있게 익
히다가 으깬 마늘을 넣고 제일 센 불로
계속 볶아준다.

❺

레드와인을 넣고 충분히 조려준다.

tip. 와인을 넣는 이유는 고기의 잡냄새를 잡
아주고 와인 향이 고기에 배어 더욱 풍
미가 깊어지기 때문이다.

완성

양식 요리 기본 소스인 데미글라스소스
(3큰술)를 넣어주고, 케첩과 머스터드소
스, 생크림을 넣어 잘 섞어준 후, 채소
를 볶던 냄비에 부어주고 뚜껑을 덮고
한소끔 끓이면 완성!

만드는 법

오늘 만든 음식 중에 최고!

크흐흐…

96

사람마다 잊지 못하는 엄마의 손맛이 있습니다.
좋은 건 다 자식을 주고 정작 본인은 드시지도 않았죠.
그런 엄마가 계셨기에 지금의 내가 있습니다.

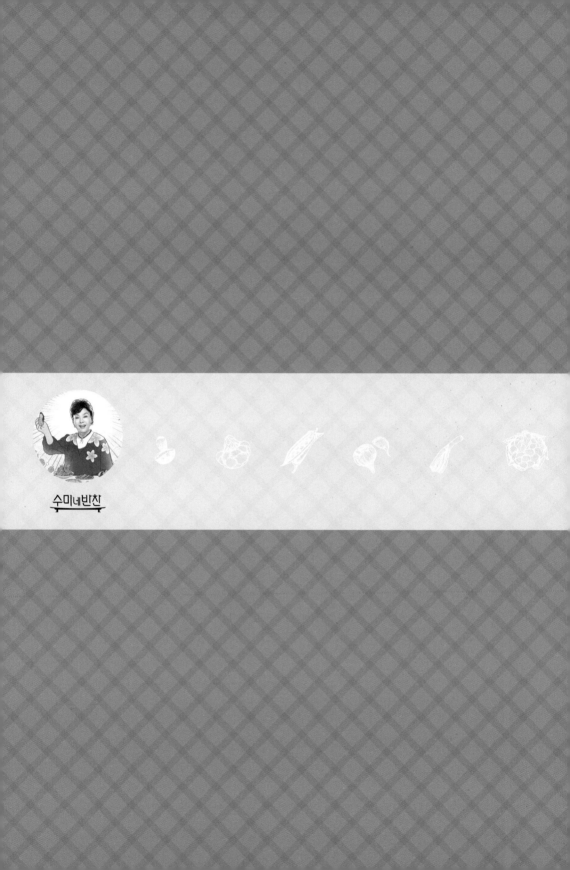

수미네반찬

part 2 친구

맛있는 한 끼 식사엔
보고픈 친구의
얼굴이 있다

"일본은 딴 나라보다 우리 교포가 참 많아요.

유학생들이나 그분들한테 옛날 자신들의 엄마가 해준 맛을 한번 느껴보시라고 가는 거예요."

수십 년 한국을 떠나 가장 그리웠던 건 엄마의 밥상. 고향을 그리는 이들에게 따뜻한 위로를 건네는 수미네 반찬!

그저 소박한 이 밥상이 얼마나 그리웠는지 모릅니다.

밥 한 끼 먹었을 뿐인데 왜 이렇게 마음이 뜨거워지는 걸까요?

그리웠을 고향의 맛을 위해 누구보다 노력한 수미네 식구들!

때론 낯선 땅에서 무섭고 외로울 때 든든한 버팀목이 되어주는 엄마의 밥.

힘내라, 응원해주는 고마운 한 끼!

여러분의 한 끼는 어떠셨나요?

수미네 반찬으로 인해 조금이나마 위로가 되셨기를……

도쿄

국내산 식재료 총무게 560kg
일본으로 국제 배송 완료!

묵은지
130포기

보리굴비 100마리

꽈리고추 32kg
멸치 45kg

꽃새우 25kg

수미네반찬

수미 반찬°

서울 불고기 / 계란 장조림 / 꽃새우 마늘종볶음 / 묵은지 고등어조림 /
갈비찜 / 잡채

명품전 모음°

대구전 / 표고버섯전 / 깻잎전 / 새우전&관자전 / 고추전

셰프 반찬°

소고기 마늘종볶음 / 필리치즈 스테이크(수미의 스테이크)

/· 서울 불고기 /· 계란 장조림 /· 꽃새우 마늘종볶음

/· 묵은지 고등어조림 /· 소고기 마늘종볶음

/· 필리치즈 스테이크

서울 불고기

쫄깃한 당면 사리와 풍부한 버섯에 자작한 국물까지~ 그 이름하여 서울
불고기!

재료

불고기용 소고기(등심) 900g, 배 1개, 양파 1개, 팽이버섯 1봉(50g 정도),
느타리버섯 50g, 불린 당면 100g, 대파 1대, 물 200ml, 참기름 1큰술,
매실액 약간

양념 양조간장 100ml, 다진 마늘 2큰술(크게 1큰술), 설탕 3작은술,
후춧가루 약간

❶ 배는 껍질을 벗겨 강판에 갈고 다 체에 걸러 맑은 과즙만 볼에 담아 배즙을 만든다.

❷ 배즙에 양조간장(100ml), 다진 마늘을 크~게 한 큰술(2큰술 정도) 넣어 양념을 만든다.

❸ 고기는 잡내를 없애기 위해 찬물에 담가 핏물을 빼낸다. 양파 1개를 얇게 썰고, 당면은 미리 물에 불려 둔다.

❹

양념에 설탕(3작은술), 후춧가루(조금)를 넣고 불고기용 소고기를 약 20분간 재워놓는다.

tip. 양파는 소고기를 재울 때 넣어서 같이 재워주세요.

❺

센 불에 냄비를 달군 뒤, 양념한 소고기를 넣고 물(200ml, 물이 자박자박할 정도로)을 넣어준다.

tip. 물은 미리 넣으면 간이 배지 않으므로 고기를 재운 뒤 나중에 냄비에 붓는다.

미리 불려 놓은 당면을 한쪽에 넣어준다

❻

불고기를 넣은 냄비 한쪽에 약 30분간 물에 불린 당면(100g)과 팽이버섯(50g), 느타리버섯(50g)을 넣어 끓인다.

tip. 서울 불고기에 빠질 수 없는 팽이버섯과 느타리버섯은 잘게 찢어준다.

❼
다 익은 불고기에 길쭉하게 대파(1대)를
어슷 썰어 얹어주고 불을 끈 후 열기로
살짝만 익힌다.

✤ tip. 3% 부족한 불고기에 매실액까지 첨가!

 완성

어느 정도 끓으면 참기름을 뿌려 마무
리 한다.

끓이면 끓일수록 더욱 맛있는
서울불고기!

110

계란 장조림

흑란과 황금알!

아이들 밥반찬으로도, 도시락 반찬으로도 영양 만점,
실용적인 메뉴!

흑란 달걀 표면에 참숯 코팅을 해 구운 달걀. 숯의 항
균 효과로 계란 잡내가 적다.

재료

흑란 15개, 멸치 15마리, 통마늘 한 줌(25개 정도), 마늘종 꽃봉오리 한 줌,
대파 1대, 물 600ml, 양조간장 15큰술, 설탕 3작은술, 꿀 1큰술,
매실액 1/2큰술, 참기름 1/2큰술, 통깨 약간

1

냄비에 물, 간장, 머리와 내장을 제거해 손질한 멸치, 통마늘(한 줌), 껍질을 벗긴 흑란을 넣고 조린다.

2

끓기 시작하면 설탕(3작은술)을 골고루 넣고 뚜껑을 덮어주고 약 5분 뒤 중불로 낮춘다.

3

여기에 대파(1대)를 큼직하게 손으로 끊어 넣고 마늘종 꽃봉오리 부분을 조금 넣는다. 장조림에 매실액(1/2큰술) 투여, 국물이 1/3 정도 남을 때까지 중불에 조려준다.

완성

꿀(1큰술)을 넣어 마지막 간을 맞추고
참기름(1/2큰술), 통깨를 넣어 마무리!

계량 공식파괴려
김수미 선생!

꽃새우 마늘종볶음

통통한 꽃새우의 고소함과 마늘종의 알싸한 향이 일품! 눌은밥과 천생연분 꽃새우 마늘종볶음!

꽃새우 보리새우보다 통통하며 붉은 색을 띠고 볶음용으로 많이 쓰인다.

❀ 꽃새우 마늘종볶음을 할 땐 넓은 프라이팬 준비

재료

꽃새우 300g(2컵 정도), 양조간장 2큰술, 꿀 2큰술, 마늘종 20줄기 정도,
참기름 1/2큰술, 통깨 1큰술

❶

양조간장 정말 조금(2큰술 정도), 꿀(2큰술)을 넣고 섞어준다.

✿ tip. 양조간장과 꿀은 1:1 비율로 넣고 섞어준다.

❷

달군 팬에 꽃새우(300g, 2컵 정도)를 넣고 약불에서 볶는다.

✿ tip. 세게 휘저으면 마른 꽃새우들이 부러질 수 있으니 살살 덖어 구수한 맛을 살려준다.

❸

마늘종을 약 5cm 정도 길이로 썰어준다.

✿ tip. 꽃봉오리 쪽은 쓰지 않고 따로 모아 두었다가 달걀 장조림에 사용한다.

115

❹

덖은 꽃새우에 썰은 마늘종을 투하하고 미리 섞어둔 간장 양념을 여러 번에 나누어 조금씩 뿌린다. 약 1분 정도 약불에 볶아준다.

tip. 이때 새우의 색을 봐가며 너무 검지 않게 간장 양념을 조금 남겨도 된다.

❺

불을 끄고 참기름(1/2큰술)을 둘러준다.

완성

통깨까지 넣어 마무리해주면 끝!

묵은지 고등어조림

매콤하고 칼칼한 김치가 들어간 밥도둑표 반찬!

재료

고등어 2마리, 물 1/2컵, 묵은지 1/4포기, 양파 1개, 대파 4대,
홍고추 1개, 청양고추 2개, 쌀뜨물 적당량, 후춧가루 약간,
굵은 고춧가루 3작은술, 매실액 약간(비린내 제거용), 쌀뜨물 1/2컵

양념 다진 마늘 넉넉히 2큰술, 다진 생강 1큰술, 굵은 고춧가루 2큰술,
매실액 1큰술, 맛술 1큰술, 양조간장 넘치게 3큰술(4큰술 정도)

①

냄비에 물을 붓고 먼저 불에 올려 둔다. 그리고 묵은지를 통째로 냄비 안에 넣고 묵은지 심지만 자른 뒤 뚜껑을 덮어 끓인다.

tip. 묵은지 심지는 작게 잘라서 사용, 버리지 않는다.

②

양파(1개)를 굵게, 아주 굵게 채를 썰고, 홍고추와 청양고추도 어슷썰기로 큼직하게, 대파도 좀 큼직큼직하게(4~5cm 정도), 다진 마늘도 듬뿍~ 미친 듯이 넣는다.

tip. 얇게 썰면 다 뭉그러지기 쉽다.

③

다진 생강(1큰술), 굵은 고춧가루(2큰술), 매실액(1큰술), 맛술(1큰술), 양조간장(넘치게 3큰술), 가라앉은 쌀뜨물은 잘 섞이도록 흔들어 사용한다.

④

내장을 제거한 고등어(2마리)의 꼬리는 잘라내고 머리가 붙은 채로 반으로 자른다. 그리고 양념이 잘 배라고 몸통에 어슷하게 칼집을 내준다.

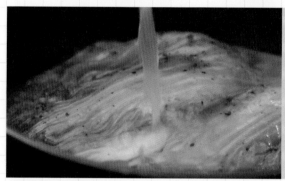

⑤

묵은지를 끓이다가 쌀뜨물을 더 넣어 끓인다. 묵은지가 익으면 그 위에 손질한 고등어를 올리고 양념장을 붓는다. (양념장과 갖은 채소 투입) 간이 배도록 아래에 있는 국물을 고등어에 살살 뿌려준다.

⑥

굵은 고춧가루(3작은술 정도)를 넣어 색이 좋게 한다. 약 10분 뒤 중불로 낮춘다.

마지막에 후춧가루를 톡톡 뿌리고 3분
간 끓이다 약불로 낮춰 조려주면 완성!

tip. 비린내가 너무 많이 나면 매실액을 조금
넣는다.

우리가 잊고 지낸
그리운 맛!

여경래 셰프

소고기 마늘종볶음

모든 재료들이 조화를 이룬 고급진 반찬!

재료

소고기 등심 200g, 마늘종 250g, 대파 1대, 배추잎 2장, 다진 마늘 2큰술,
물 2~3큰술(+1/2컵), 홍고추 1개, 식용유 적당량, 고추기름 2큰술,
후춧가루 약간

양념 간장 1/2큰술, 매실소스 1/2큰술, 마늘콩소스 1큰술, 굴소스 1큰술,
설탕 1/2작은술, 통후추 1/2큰술, 참기름 1큰술

❶

먼저 소고기 등심(200g)을 얇게 채 썬 다음 물(2~3큰술)을 살짝 넣어 치대준다.

❷

간장(1/2큰술), 굴소스(1/2큰술), 후춧가루 등으로 고기 밑간을 한 후 달궈진 기름에 넣는다. 겉만 살짝 익힌 후 기름을 걸러 잠시 대기 시켜준다.

❸

마늘종은 5cm 길이로 잘라 끓는 물에 데친다.

④

프라이팬에 고추기름을 두른 후 채 썬 대파(흰 부분), 다진 마늘(2큰술 정도)을 볶고 후춧가루(1/2큰술)를 넣는다. 마늘 콩소스(1큰술), 매실소스(1/2큰술), 굴소스(1/2큰술)를 넣어 볶는다.

⑤

데친 마늘종, 채 썬 배추 약간, 채 썬 홍고추를 살짝 볶다가 물(1/2컵)을 넣어준다. 설탕(1/2작은술)을 넣는다.

완성

채소가 익으면 고기를 넣고, 마무리로 참기름을 둘러주면 여경래 셰프표 마늘종 요리 완성!

123

최현석 셰프

필리치즈 스테이크(수미의 스테이크)

불고기 위에 사르르 녹은 치즈의 감칠맛!

재료

양파 1개, 양송이버섯 6개, 불고기용 소고기 400g, 스위스치즈 10장,
핫도그 빵 5개, 올리브유 적당량, 소금과 후춧가루 약간씩

❶

양파는 얇게 채를 썰고 양송이버섯은 거칠게 툭툭 썰어 올리브유를 두른 팬에 먼저 볶아준다. 불고기용 소고기는 크게 잘라서 다른 팬에 기름을 두르고 넣어 볶는다.

❷

두 개의 팬에 각각 소금, 후춧가루를 뿌려준다. 고기가 익으면 고기와 볶은 양파, 양송이버섯을 섞어 볶는다.

❸

볶던 고기 위에 치즈 이불을 덮어주고 치즈가 익으면 고기와 섞어준다.

④

치즈가 녹아서 잘 섞인 정도가 되면 쫀
득쫀득한 빵 속 채울 고기 완료!

완성

핫도그 빵 사이로 채워주면 완성!

치즈의 감칠 맛, '감동!'

내가 어디 아픈가 봐...

엄마가 변해갑니다~

가족을 위해 음식을 맛있게 해주셨던 엄마!

그랬던 엄마의 입맛이 점점 변해갑니다.

예전에 없었던 실수가 엄마 자신에게 상처가 되고

평생 가족을 위해 음식을 만들다

어느 새 늙어버린 우리 엄마!

그래서 이제 엄마는 음식 간을 잘 못 보십니다.

엄마는 속상하지만 내색하지 않습니다.

아~ 내 입 맛이 변해가는구나!

그래도 아무 일 없었다는 듯 오늘도 엄마는

가족을 위해 음식을 만드십니다.

수미네
반찬

.·´ 갈비찜 .·´ 잡채 .·´ 대구전 .·´ 표고버섯전 .·´ 깻잎전
.·´ 새우전&관자전 .·´ 고추전

갈비찜

은근히 감도는 계피향에 배즙과 무로 우려낸 자연스러운 단맛! 뼈째 뜯어
먹으면 부자가 부럽지 않은 수미네 갈비찜!

재료

찜갈비 4인분(2kg , 12대 정도), 배 1개, 생강 1톨, 다진 마늘 400g,
양파 1개, 무 1/2개, 당근 1개, 양조간장 250ml, 통계피 1개, 건고추 2개,
표고버섯 3개, 대추 15알, 밤 7알, 은행 10알, 잣 8g, 대파 1대, 매실액 1큰술,
장식용 지단 약간, 물 200ml, 후춧가루 약간, 참기름 1/2큰술

❀ 갈비는 미리 찬물에 담가 핏물을 빼서 준비한다.

❶

껍질 깐 배(1개)와 생강(1톨)을 각각 강판에 갈아 면포에 넣고 즙을 낸다. 면포에 다진 마늘(400g)을 넣고 즙을 낸다.

간 배 1개와 간 생강 1톨도 사용하여
면포에 담아 즙내기

❷

볼에 배즙, 생강즙, 마늘즙, 양조간장(150ml, 갈비 12대 기준)을 넣어 잘 섞은 뒤(중간에 간보기) 칼집 낸 소갈비(2kg)를 넣고 3시간가량 재운다.

tip. 갈비찜은 오래 끓이기 때문에 칼집을 깊게 넣으면 고기가 대에서 떨어질 수 있다.

배즙에 고기가 야들야들 해지는 시간

❸

대추(15알)를 물에 불려두고, 무(1/2개)를 2.5cm 두께로 썰고, 당근(1개)을 3등분으로 썰어 가장자리를 둥글게 깎는다(오래 끓이면 부서지므로). 자루를 제거한 표고버섯(3개)은 예쁘게 모양내 준비한다.

무 당근 표고버섯
부재료 예쁘게 손질 완료

④

냄비에 통계피(1개, 약 25g), 건고추(2개)를 깔고 양념에 재운 소갈비를 넣는다.

⑤

갈비가 살짝 잠길 정도로 물을 넣고, 양조간장(50ml)을 넣어 뚜껑을 덮어 센불에 끓인다(3~40분 정도). 어느 정도 끓으면 물에 불려둔 대추를 넣는다.

⑥

약 15분 뒤 썰어둔 무, 당근, 표고버섯을 넣고 물(200ml), 양조간장(50ml)을 추가해서 재료들이 잠기게 해주고 계속 끓인다.

❼
매실액(1큰술), 깐 밤(7알), 3cm 길이로 썬 대파를 넣는다.

완성

지단을 만들어 올려주고 은행(10알), 잣 (8g)을 넣고 참기름을 뿌려 마무리한다.

값은 저렴~ 맛은 최상! 가성비 갑!!

잡채

명절에도 잔칫날에도 늘 함께하는 아주 친근한 메뉴! 특별한 날이 아니더라도 한 번씩 가득 만들어놓고 가족들과 함께 즐겨보세요.

재료

당면 250g, 소고기 300g, 양파 1/2개, 당근 1/3개, 목이버섯 30g,
표고버섯 3개, 대파 1대, 시금치 1/3단,
시금치 데침용 물 적당량과 소금 1/2작은술, 다진 마늘 1작은술,
참기름 1작은술, 들기름 2큰술, 소금과 통깨 약간씩

양념 양조간장 1큰술(3~5큰술 추가), 설탕 2작은술, 참기름 1큰술,
다진 마늘 1/3큰술, 후춧가루 약간

❀ 당면은 미리 찬물에 불려 준비한다.

①

유리 볼에 양조간장(1큰술), 설탕(2작은술), 다진 마늘(1/3큰술), 후춧가루 조금을 넣고 섞은 뒤 잡채용 소고기를 재워 둔다.

잡채용 소고기를 양념에 재우기

②

양파(1/2개)를 얇게 채 썰고, 당근(1/3개)을 6cm 길이로 채 썬다. 목이버섯(30g)과 자루를 제거한 표고버섯(3개)을 얇게 채 썰고 대파(1대)를 살짝 굵게 6cm 길이로 채 썬다.

당근은
3등분 한 2조각을 길게 채 썰어 준다

③

시금치는 씻어 밑동을 다듬는다.

❹
냄비에 적정 분량의 물과 소금(1/2작은술)을 넣고 끓여 다듬은 시금치를 넣고 약 10초간 데친 후 찬물에 10분간 담가둔다.

TIP

시금치를 데치는 이유 : 데치지 않을 경우 시금치에 들어있는 수산(옥살산)에 의해 치내에 결석이 생길 수 있다. 수산은 휘발성이기 때문에 반드시 뚜껑을 열고 데쳐야 한다. 온도가 높으면 시금치 속 유기산이 분해되어 누렇게 변할 수 있어 찬물에 헹구어 온도를 낮춘다.

❺
찬물에 담가둔 시금치를 건져내 물기를 꼭 짠 뒤 소금 한 자밤, 다진 마늘(1작은술), 참기름(1작은술)을 넣고 조물조물~ 무친다.

tip. 한 자밤: 손가락 끝으로 집을 만큼 적은 양.

❻
팬을 약한 불로 달군 뒤, 재워둔 소고기를 볶다가 고기만 건져내고 국물은 남겨둔다.

❼
고깃국물이 남아있는 팬에 채 썬 당근을 제일 먼저, 그다음 표고버섯, 목이버섯을 넣고 볶다가 들기름(1큰술)을 넣고 채 썬 양파를 볶는다.

tip. 고깃국물이 줄어들면 들기름으로 볶는다.

❽
물에 불린 당면을 끓는 물에 약 3분간 삶아주고, 체에 받쳐 찬물로 헹군다.

당면은 미리 물에 불리고

136

시금치와 대파도 넣고 잘 버무리기

❾

불을 약하게 줄이고 볶은 채소들을 팬 한 쪽으로 몰아넣고, 들기름(1큰술)을 넣은 뒤 미리 삶은 당면을 넣어 볶는다. 여기에 만든 양념장을 골고루 뿌린 뒤 다 같이 섞고 시금치와 대파를 넣어 볶는다.

tip. 간을 보아 싱거우면 간장 3~5큰술을 넣는다.

통깨로 마무리

완성

마지막에 볶은 고기와 참기름(1큰술), 통깨를 넣어 불을 끈 뒤 버무려 완성!

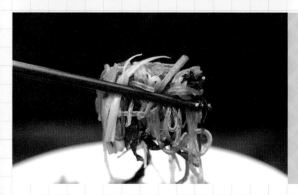

후루룩 후루룩~ 먹자마자 감탄사!

모든 명품전

수미네
반찬

추석 명절에 꼭 있어야 하는 전.

가르쳐주긴 하지만 스트레스 받으며 만들지는 말라는 김수미표 6가지 명품전.

단아하고 고운 수美일세 ♥

대구전

쫄깃하고 담백한 식감의 대구전!

재료

대구살 300g, 계란 흰자, 밀가루 약간, 소금과 후춧가루 약간씩,
고명으로 홍고추와 실부추 약간씩, 기름 적당량

❶

대구살에 짜지 않게 소금을 살짝 뿌려 밑
간한다.

❷

후춧가루도 톡톡톡~~

tip. 후춧가루를 너무 넣으면 안 된다. 왜냐
하면 흰살 생선이고 여기에 계란 흰자만
묻힐 거라서……

❸

대구살에 있는 물기를 키친타월로 싹
닦아낸다. 그다음 대구살을 통으로 부
치지 않고 네모반듯하게 썬다.

4

밀가루를 양쪽으로 묻히고 계란 흰자
에 묻혀서 기름을 두룬 팬에 부치면 끝!

홍고추로 화룡점정

완성

한쪽 면을 익히고 뒤집지 않은 상태에
서 실부추와 홍고추로 꾸민 뒤 뒤집어
굽는다.

대구를 도화지 삼아 한 폭의 그림을 그
린 듯한 대구전!

표고버섯전

칼슘 흡수를 돕는 비타민 D가 풍부한 표고버섯전!

재료

생표고버섯 10개, 다진 소고기 200g, 양조간장 1/2큰술, 다진 마늘 1/2큰술,
후춧가루 · 밀가루 · 계란물, 기름 적당량

❶

다진 소고기에 다진 마늘(1/2큰술), 양조
간장(1/2큰술), 후춧가루를 2번만 살짝
넣고 반죽해서 재워 놓는다.

❷

표고버섯 밑동은 떼어 내고 갓 안쪽에
고기가 딱 달라붙을 수 있도록 밀가루
를 조금 묻히고 밑간한 소고기를 이 안
에 채워준다.

❸

고기 부분에만 밀가루를 살짝 묻히고,
계란물도 묻힌다.

143

❹
달군 팬에 기름을 두르고 고기 부분부터 익힌다.

팬에 고기 부분부터 익힌다

완성

뒤집어서 익혀주면 완성!

뒤집어주세요

보기 좋고 맛도 좋은 표고버섯전!

깻잎전

고소한 고기 맛과 향긋한 깻잎 향이 일품!

재료

깻잎 20장 정도, 다진 고기(돼지고기 200g＋소고기 200g), 양조간장 1큰술,
다진 마늘 2큰술, 후춧가루·밀가루·계란물 약간씩, 기름 적당량

❶
깻잎의 꽁다리 부분을 다 떼어준다.

❷
다진 소고기와 다진 돼지고기를 섞는
다. 양조간장(1큰술), 다진 마늘(2큰술),
후춧가루(5번쯤 톡톡~)를 넣고 반죽을
한 후 재워둔다.

❸
깻잎 중앙에 고기 반죽을 올린 후 반으
로 접어 삼각형 모양이 되도록 테두리
를 잘라낸다.

④
깻잎에 밀가루와 계란물을 묻힌 뒤 기름을 두른 팬에서 약불로 부치면 OK!

완성
뒤집어서 꾹꾹 눌러주면 완성!

향긋한 깻잎 향~

새우전&관자전

통통한 새우와 부드러운 관자의 환상적 만남!

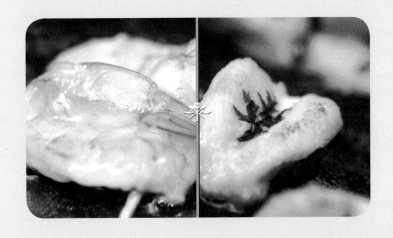

재료

새우 10마리, 관자 10개, 밀가루와 계란물 약간씩, 장식용 쑥갓 약간,
소금과 후춧가루 약간씩, 기름 적당량

❶

껍질을 벗긴 생새우를 꼬리만 남겨두고 반으로 잘라준다.

❷

소금과 후춧가루를 살짝 뿌려 밑간을 한다. 반으로 자른 새우살을 펼쳐 꼬리로 모아 이쑤시개로 꽂아 하트 모양을 만든다.

❸

관자를 반으로 칼질할 때 약간 남겨놓고 잘라 펴서 나비 모양을 만든다.

❹
장식용으로 사용할 쑥갓의 꽁지 부분
은 잘라 준비한다. 관자와 새우 앞뒤에
밀가루를 골고루 묻힌다.

완성

새우와 관자에 계란물을 묻히고 기름을
두른 달군 팬에 맛있게 익혀주면 완성!

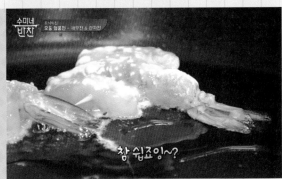

참 쉽죠잉~?

관자전에는 고명으로 쑥갓을 예쁘게
올려준다.

tip. 먹을 때 반으로 잘라서 드세요~

관자전에는 고명으로
쑥갓을 예쁘게 올려줍니다

고추전

맵고 아삭한 고추와 그 안을 꽉~ 채우는 소의 절묘한 조화!

재료

풋고추 5개, 홍고추 5개, 양념한 고기(표고버섯전과 깻잎전 참고),
밀가루와 계란물 약간씩, 기름 적당량

❶

풋고추와 홍고추는 반으로 자른 다음 칼끝으로 고추씨를 제거한다.

고추를 반으로 가른다

❷

태좌(고추 중간에 있는 심)만 남긴 고추 안쪽에 소가 잘 붙도록 밀가루를 묻힌다.

tip. 고추 태좌가 있으면 고기 반죽이 잘 붙는다.

고추 태좌
고추 태좌는 남기고 씨 파~

❸

고추 속에 미리 양념해 둔 고기소를 채운다.

밀가루를 약간 넣고 고기 반죽을 꾹꾹

고기 부분에만 밀가루와 계란물 묻히기

❹

소를 넣은 고추의 고기 쪽 부분만 밀가루를 묻히고, 소를 넣고 밀가루 묻힌 고추를 계란물에 적셔준다. 이때 가능한 고기 넣은 쪽, 고추의 안쪽에만 계란물을 적신다.

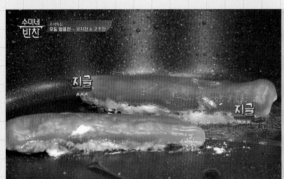

예열된 팬에 기름을 조금 두르고 고추전을 구우면 완성!

아사삭~

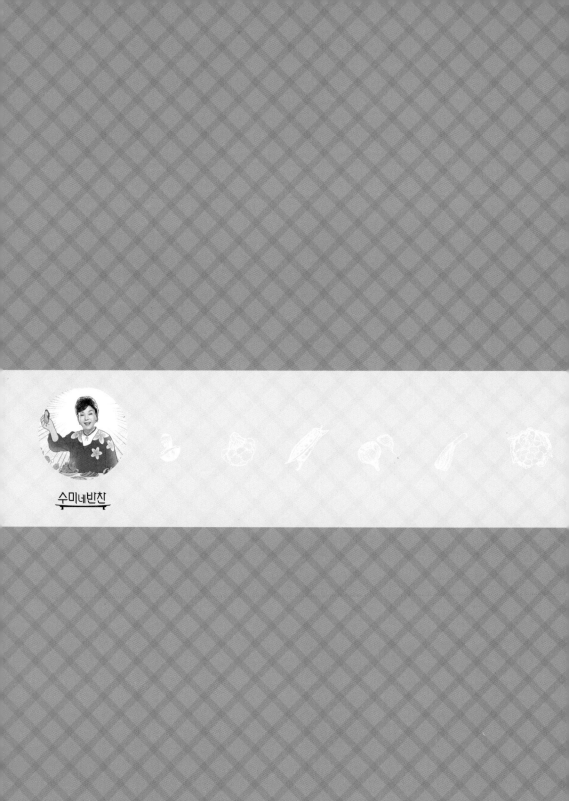

part 3 그리움

수미네
··· ···
반찬

part 3

위로가 필요할 때
가장 먼저 생각나는 건
그리운 엄마 손맛이다

　한창 부모의 따스한 품이 그리운 나이에 겪은 엄마와의 때 이른 이별은 나를 가혹한 그리움의 감옥에 갇히게 했다. 나보다 나를 더 사랑해준 엄마가 내 곁을 떠났을 때 가슴이 무너져 내리는 먹먹함에 삶의 의욕조차 잃었을 정도였다.

　단 석자만으로도 세상 가장 그리운 그 이름, 어머니. 내게 엄마는 그리움의 또 다른 이름이다.

　어린 시절, 벌이가 좋지 않은 탓에 우리 집 사정은 팍팍했지만 살림 솜씨가 썩 야무졌던 엄마 덕분에 우리 식구들은 배곯는 날이 거의 없었다. 여름이면 밭에서 직접 키운 밀을 곱게 빻아 강낭콩 듬성듬성 넣고 쪄낸 찐빵을 먹었고, 아궁이에서 뜨끈하게 구워낸 감자와 고구마는 최고의 별미였다. 으레 간식거리로 챙겨주던 옥수수는 꽤 낙낙했던 편이고, 엄마가 종종 마을 잔치나 상갓집 일손을 거들고 오는 날이면 제법 기름진 음식을 맛보기도 했다.

내 엄마는 손맛이 남달랐다. 같은 옥수수라도 엄마 손을 거치면 마치 설탕이라도 뿌린 양 달콤한 맛이 혀를 간질였다. 새벽에 눈비비고 일어나 툇마루에 놓인 옥수수를 먹으며 학교를 가고, 집에 돌아오면 우물가나 장독대 위에 얹어진 옥수수를 간식으로 먹고, 자기 전에 출출한 속을 달래기 위해 옥수수를 먹어도 물리지 않았다.

흔하디흔한 옥수수로도 충분히 행복했던 어린 시절이었지만 가난한 살림이 못내 아쉬운 내 엄마는 자식들 몰래 품앗이에 나서곤 했다. 어렵게 벌어 고쟁이 깊숙이 숨겨놓은 꼬깃꼬깃한 돈을 꺼내 가끔 자식들에게 달달한 간식을 사줄 때면 오히려 당신이 세상을 다 가진 듯 환한 미소로 우리 머리를 쓰다듬어 주셨다.

내가 여전히 이렇게도 진하게 엄마를 그리워하는 건 아마 어머니가 자식들을 위해 자신을 온전히 희생했기 때문일 것이다.

어린 시절 헐거운 문풍지 사이로 들이치는 칼바람에 덜덜 몸을 떨던 겨울밤이면 우리 5남매는 그나마 뜨듯한 아랫목을 찾아 이불을 뒤집어쓰고 돌아가며 옛날이야기를 읊조렸다. 해가 빨리 지는 겨울, 이른 저녁을 먹은 한창 나이의 5남매 배에서는 마른하늘 천둥소리가 우렁차게 울려 퍼졌다. 그럴 때 엄마가 내놓던 단골 야식 메뉴는 바로 비빔밥이었다. 없는 살림에 고기나 달걀, 푸성귀, 고사리 같은 고급 비빔 재료가 있을 리 만무했다. 겨울철 식량난을 해결하고자 궁여지책으로 아랫목에서 키운 콩나물과 담근 지 오래되어 새콤한 향 물씬나는 신 김치를 송송 썰어 넣는 게 전부였다. 차라리 허접하기까지 한 비빔밥 나부랭이를 당당한 요리로 변신시킨 비법은 바로 엄마표 양념간장이다. 지금까지 그 비밀을 밝혀내지 못한 엄마표 양념간장을 몇 숟가락 넣은 것만으로도 콩나물과 김치가 전부인 비빔밥이 어엿한 요리로 재탄생됐다. 겨울철 추위에 시달리느라 속이 허한 5남매는 세숫대야를 방불케 하는 커다란 양푼에 가득 채운 비빔밥을 마파람에 게 눈 감추듯 먹어치우곤 했다.

그 맛이 그리워 지금도 때때로 콩나물밥을 지어 신 김치 숭덩숭덩 썰어 넣은 후 나름대로 만든 양념장을 넣어 비벼보지만, 역시나 엄마 손맛에는 한참이나 미치지 못한다는 사실만 확인할 뿐이다. 이제는 제법 두둑해진 통장의 힘을 빌려 하얀 기름 자글자글한 최고급 소고기를 사다 넣어보기도 했지만 결국 엄마 손맛은 재현하지 못했다.

세월은 쏜살같이 흐르고 기억은 덧없이 흐려지는 요즘. 새삼 내가 퍽 오래 살았음을 실감하곤 한다. 어떤 날은 바로 어제 있었던 일도 깜빡할 정도니 이제는 뒷방 늙은이라는 케케묵은 타이틀을 받아들여야 할 날이 얼마 남지 않은 듯하다.

한데 참 이상도 하지. 무상한 세월의 흐름이 무색하게 내 엄마에 대한 낡은 기억은 오히려 나날이 또렷해진다. 하루 세끼 소중한 사람들을 위해 차려내는 음식에 엄마에 대한 그리움이 담겼기 때문일지도 모른다.

엄마가 그리운 오늘 같은 날이면 나는 가장 먼저 당신이 만들어주던 음식이 생각난다. 기억 가장 깊숙한 곳에 자리한 엄마 손맛이 뭉클

위로가 필요할 때 가장 먼저 생각나는 건 그리운 엄마 손맛이다

뭉클 솟아나기 때문이다.

내가 만드는 음식은 그리움의 또 다른 표현이다. 엄마를 잊지 않기 위해 그리운 추억 속 음식을 요리하곤 하는 것이다. 내가 만든 음식에서 가슴 뭉클한 무언가가 느껴지는 건, 아마 엄마에 대한 그리움이 스며든 까닭일 터다.

그래서 나는 오늘도 그리운 엄마를 위해 요리를 한다.

"엄니, 막내딸은 지금 참 잘살고 있어요. 당신의 안위보다 가족의 행복을 앞세운 엄니의 희생이 있었기에 과거 우리 가족의 일상을 지키고, 나아가 지금의 배우 김수미가 존재할 수 있었어요. 한없이 고맙고 또 고마워요.

엄니, 조금만 더 기다려주세요. 그리 멀지 않은 시간이 지나서 나중에 엄니를 다시 만나게 되면 이번에는 막내딸이 오직 당신만을 위한 한상을 거하게 대접할게요.

행여 못난 막내딸이 당신을 못 알아볼까. 오늘도 엄니를 그리워하며 음식을 만들고, 우리가 다시 만날 날을 손꼽아 기다리고 있어요.

그리움과 존경, 그리고 사랑을 담아 다시 한 번 당신의 이름을 불러봅니다.

사무치게 그리운 내 엄니 김화순. 세상 가장 진하게 당신을 사랑하고 또 사랑합니다."

수미네반찬

수미 반찬°

간장새우찜 / 꽃게탕 / 전어소금구이 / 전어회무침 /

소고기우엉조림, 소고기우엉꼬마김밥 / 고들빼기김치 /

고구마순 갈치조림 / 곤드레밥 / 우렁된장찌개 / 더덕구이 / 녹두전 /

오징어볶음 / 새뱅이 무찌개, 새뱅이튀김 / 고춧잎된장무침 /

무말랭이무침 / 올외장아찌 유부초밥

셰프 반찬°

새우 구운 야채(쉬림프 그릴 베지터블) / 새우 스튜(수미야 한눈팔지 마!) /

모자새우 / 중동식 녹두새우샐러드 / 쯔란 오징어볶음 / 오징어튀김 /

해물냉파스타 / 멘보샤 / 돼지고기 안심말이

간장새우찜 / 꽃게탕 / 새우 구운 야채
새우 스튜 / 모자새우

간장새우찜

간장을 베이스로 새우의 감칠맛을 살린 레시피!

재료

대하 8마리, 블랙타이거새우 5마리,
찜용 콩나물 150g, 쑥갓 100g,
곱슬이 콩나물 150g, 미나리 50g,
레몬 1개

양념 양조간장 80ml(+3큰술),
　　　물 350ml, 꿀 3큰술, 다진 마늘 2큰술, 매실액 1큰술, 후춧가루 약간

소스 간장 조금, 사과식초 많이, 연겨자와 레몬즙 약간씩

①

볼에 양조간장(80ml), 물(350ml), 꿀(3큰술), 다진 마늘(2큰술), 매실액(1큰술), 후춧가루를 조금 넣고 양념장을 만든다.

②

중불에 팬을 올린 다음 찜용 콩나물(150g), 곱슬이 콩나물(150g)을 아래에 깔고, 블랙타이거새우(5마리), 대하(8마리)를 차례로 올리고 양념장을 붓는다.

tip. 새우는 머리 쪽을 깨끗이 씻는다.

미리 만들어둔
양념장을 부어줍니다

③

양조간장(3큰술)을 더 넣은 다음 센 불에 뚜껑을 덮고 끓인다.

김수미 ✎ 조금 있으면 새우가 빨갛게 돼요

164

예쁘게 썰어온
미카엘

④

미나리(50g), 쑥갓(100g)은 잎 부분만 7cm 길이로 썰고, 레몬은 즙을 짤 수 있도록 모양내어 자른다.

김수미 ✎ (몸이) 끓기 시작해서 15분 넘어가면 안 돼요!

⑤

콩나물이 어느 정도 익으면 국물을 끼 얹어 주며 익힌다. 끓기 시작해서 15분 을 넘겨서 익히면 안 된다.

✿ **tip.** 단, 콩나물을 넣었기 때문에 뚜껑을 가 급적 닫고 조리한다.

⑥

새우와 콩나물이 다 익으면 쑥갓, 미나 리를 새우 위에 올린 다음 불을 끈다.

완성

간장과 사과식초를 1:2로 섞은 다음 연
겨자와 레몬즙을 넣어 만든 소스를 곁
들여 낸다.

꽃게탕

꽃게에 단호박을 넣어 구수하고 달콤한 맛이 일품!

재료

꽃게(수게) 5마리, 전복 4미, 대하 5마리, 모시조개 200g, 물 1.5L(+300ml)
단호박 1/2개, 무 1/4개, 양파 1/2개, 홍고추 1개, 풋고추 2개,
당근 1/4개, 생강 2~3편, 미나리 50g, 쑥갓 70g, 부추 50g, 팽이버섯 1봉, 대파 1대,
국물용 멸치 10마리, 다시마 1장, 강된장 크게 3큰술, 다진 마늘 2큰술,
고춧가루 2큰술, 고추장 1/2큰술, 매실액 1/2큰술, 후춧가루 약간

❶

냄비에 국물용 멸치(10마리)를 넣고 덖은 뒤, 멸치를 볶던 냄비에 물(1.5L), 강된장(3큰술), 다시마(1장)를 넣고 뚜껑을 덮어 팔팔 끓인다.

tip. 멸치 비린내는 멸치를 기름 없는 프라이팬에 넣고 살짝 볶아 제거한다.

다시마까지 넣고 팔팔 끓여 육수를 내주세요

❷

단호박(1/2개)은 굵게 토막 내 씨를 발라낸 후, 껍질을 듬성듬성 벗겨내어 모양내서 깎고 먹기 좋게 어슷어슷 썬다. 팔팔 끓는 육수에 썬 단호박을 먼저 넣고 불을 중불로 줄인다. 납작하게 썬 무(1/4개)도 탕에 넣는다.

Tip
단호박을 전자레인지에 5분 정도 돌려주면 훨씬 자르기 수월해집니다

TIP ❶ 단호박을 전자레인지에 5분 정도 돌려주면 훨씬 자르기 수월해진다.

TIP ❷ 게를 자를 때는 게의 다리 쪽으로 가위를 넣어 자른다. 한 손은 배딱지를 벌려서 잡고 다른 손으로 꽃게 다리 맨 마지막 움푹 팬 부분을 잡고 힘껏 벌려주면 쉽게 딸 수 있다.

꽃게를 4등분으로 잘라주세요

❸
꽃게는 흐르는 물에 솔로 문질러 씻고 게딱지를 분리한 다음 배딱지를 떼고, 게 몸통의 아가미를 떼고 4등분한다. 그리고 불을 세게 올리고 자른 게를 넣는다.

❹
팽이버섯(1봉)을 탕 한쪽에 넣고, 고춧가루(2큰술)를 넣는다. 양파(1/2개)는 굵게 4조각으로 채 썰어 2등분한 뒤 탕에 넣는다.

하나씩
홍고추와 풋고추도 어슷하게 썰어 넣고

❺
다진 마늘(2큰술)은 국물에 개어 넣는다. 그리고 모시조개(200g)와 먹기 좋게 썬 당근(1/4개), 어슷하게 썬 홍고추(1개), 풋고추(2개)를 넣는다. 대파(1대)는 어슷하게 썬다.

❻

고추장(1/2큰술), 매실액(1/2큰술), 후춧
가루를 약간 넣는다.

✻ **tip.** 물이 부족하면 300ml를 보충해서 넣은
다음 후춧가루를 넉넉하게 뿌린다.

❼

거품을 떠내며 끓이다 전복(4미)은 국
물 안쪽으로 푹 잠기게 넣고, 대하(5마
리)는 탕 위에 얹어준 다음 어슷하게 썬
대파를 넣는다.

❽

쑥갓(70g), 부추(50g), 미나리(50g)는
10cm 길이로 썰어 탕에 넣고 뚜껑을
닫는다.

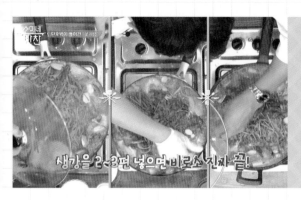

완성

편으로 썬 생강(2~3편)을 넣고 불을 끄면 완성!

미카엘 셰프

새우 구운 야채(쉬림프 그릴 베지터블)

상큼함으로 원재료의 맛을 살린 구운 채소와 대하의 환상적인 조합!

재료

냉장고 속 자투리 채소(파프리카, 가지, 당근, 애호박, 버섯, 양파 등 3~4쪽씩),
대하 6마리, 소금 약간, 저민 마늘 3쪽, 올리브유 2큰술, 화이트와인 1큰술,
발사믹 식초 3큰술, 부추 3~4줄기, 딜 2~3줄기, 레몬

❶

냉장고 속 자투리 채소를 굽기 적당하게 납작 썰거나 굵게 채를 썬다.

❷

얇게 썬 채소를 그릴 팬에 구워 준비한다.

❸

손질한 대하에 소금 약간, 저민 마늘(2쪽), 올리브유(1큰술), 화이트와인(1큰술)을 넣고 재운다.

❹

불은 세지 않게 약한 불로 조절해주고
재워둔 대하는 그릴팬에 굽는다.

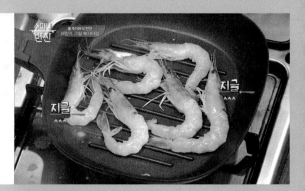

❺

구운 채소들은 한 번에 볼에 담아주고
저민 마늘(1쪽), 올리브유(1큰술)와 첫
번째 비법으로 발사믹 식초(3큰술)를 넣
어준다.

발사믹 식초 : 이탈리아어로 향기가 좋은 식초라는 의미로
포도즙을 나무통 속에서 발효시켜 만든 전통 식초

만드는 법

딜 (Dill)
해산물 요리에 주로 이용되는 단맛의 허브로
상쾌한 향이 비린내를 잡아주는 효과가 있다

❻

구운 새우와 채소의 두 번째 비법으로
딜(2~3줄기)을 잘게 썰어주면 향이 가
득 퍼진다.

tip. 딜은 해산물 요리에 주로 사용하는 단맛
의 허브로 상큼한 향이 비린내를 잡아주
는 역할을 한다.

부추를 잘게 썰어 넣고 버무린다

❼

아기를 다루듯 살살 섞어 버무린다.
부추도 잘게 썰어 넣고 버무려준다.

완성

야채를 모두 버무린 후 메인 재료인 구
운 대하까지 함께 버무리고 접시에 담
아 레몬으로 장식하면 끝!

최현석 셰프

새우 스튜(수미야 한눈팔지 마!)

식감을 더해주는 홍피망과 알싸한 마늘 향을 더한 오감만족 요리!

재료

통마늘 2개, 홍피망 1/2개, 대하 10마리, 소금 약간, 올리브유 적당량,
밀가루 약간, 화이트와인 3큰술, 토마토소스 1컵, 물 2큰술, 버터 10g

❶

대하 등 쪽에 칼집을 살짝 내서 내장을
제거해준다. 통마늘(2개)을 편으로 썰고
홍피망을 채 썬다.

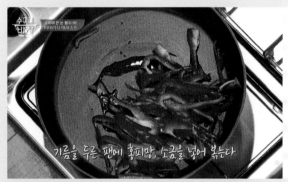

❷

달군 팬에 기름을 두루고 홍피망, 소금
을 넣어 볶는다.

❸

홍피망이 어느 정도 익으면 편을 썬 마
늘을 함께 넣고 볶는다.

177

셰프 반찬

④

대하는 머리 부분을 제외하고 몸통에
만 밀가루를 묻혀 기름을 두른 팬에 굽
는다.

⑤

대하가 노릇해지면 화이트와인을 넣고
끓인다.

⑥

미리 볶은 홍피망을 넣고, 토마토소스
를 넣고 볶는다.

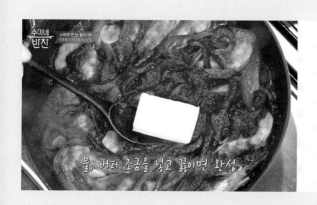

완성

물, 버터를 조금 넣고 끓이면 완성!

여경래 셰프

모자새우

여 셰프의 시그니처 요리, 촉촉한 새우살이 특징!

재료

대하 20마리, 소금과 후춧가루 약간씩, 계란(흰자만) 1개분,
계란 1개, 불린 전분 1컵, 대파 1개, 생강 1쪽

양념 물 8큰술, 간장 1큰술, 굴소스 1큰술, 설탕 1큰술, 식초 3큰술,
후춧가루 약간, 식용유 약간, 참기름 1큰술, 마늘 플레이크 2큰술,
청양고추 2개

①

대하는 등을 갈라서 내장을 제거하고 평평하게 만들어 준 후 넓은 접시에 대기시켜 놓는다.

②

일부 대하(10마리 정도)는 곱게 다지고, 다진 대하살에 소금, 후춧가루, 계란(흰자만)을 넣고 밑간을 해준다.

③

평평하게 손질한 대하에 밑간을 마친 대하살을 올려준다.

④ 튀김옷을 만든다. 물에 불린 전분에 미리 풀어 둔 계란을 조금씩 넣어 묽은 농도의 반죽을 만들어준다.

⑤ 적당한 농도로 만들어진 튀김옷을 대하에 입혀 새우가 노릇노릇해지도록 튀긴다.

⑥ 대하가 튀겨지는 동안에 소스를 만들어준다. 물(8큰술)에 간장·굴소스·설탕(각 1큰술씩)을 넣는다. 거기에 식초(3큰술), 후춧가루를 탈탈탈~ 넣어주면 된다.

❼

소스의 풍미를 더 해줄 대파, 생강을 다져 넣는다.

✽ **tip.** 소스를 만들 때 칼칼한 맛을 추가하고 싶으신 분들은 청양고추를 두 개 정도 총총 썰어 넣으면 좋다.

❽

달군 팬에 기름을 두르고 다진 파와 생강을 넣어 볶다가 적당히 향이 올라오면 만들어 두었던 소스를 넣어준다. 소스 양은 대하를 모두 버무릴 수 있을 정도로!

완성

소스가 적당히 끓어 오르면 튀긴 대하를 그대로 소스에 넣어 섞은 뒤, 참기름을 뿌려주고 마늘 플레이크를 넣어 마무리하면 완성!

수미네
반찬

/ 전어소금구이 / 전어회무침 / 소고기우엉조림
/ 소고기우엉꼬마김밥 / 고들빼기김치
/ 고구마순 갈치조림

전어소금구이

파~란 하늘 아래, 소중한 사람과 함께 술과 곁들이면 더할 나위 없이 좋은
전어 파티!

재료

전어, 굵은소금

❶

전어는 일단 비늘을 제거한 뒤 깨끗이 씻어준다. 꼬리나 지느러미 등 지저분한 것들은 모두 가위로 잘라주고 쓴맛을 낼 수 있는 내장도 제거한다.

굽기 전 비늘과 내장을 먼저 제거!

❷

전어를 깨끗이 준비한 뒤 물로 씻어준 후 물기를 빼준다.

손질한 전어는 물기를 제거한 후

❸

프라이팬에 굵은소금을 가득 깔고 달군 후 전어를 구워준다.

tip. 전어구이를 할 때 소금을 깔고 구우면 자연스레 간이 배 풍미가 더해진다.

❹

적당히 익으면 뒤집어준다.

❺

전어를 보기좋게 바~싹 굽는다.

완성

접시에 보기 좋게 담아내면 완성!

전어회무침

씹을수록 고소해지는 전어에 아삭한 채소를 얇게 썰어내어 새콤달콤한 김
수미표 마법 양념장으로 무치면 누구라도 사랑하지 않을 수 없는 바로 그
맛!

재료

전어 2마리(큰 것), 배 1개, 오이 1개, 양파 1/2개, 당근 1/3개, 홍고추 1개,
풋고추 1개, 쪽파 4~5대, 미나리 한 줌, 통깨 약간

양념 고춧가루 4작은술, 고추장 1/2큰술, 양조간장 1.5큰술,
설탕 3작은술, 매실액 1큰술, 식초 3큰술, 다진 생강 2/3큰술,
다진 마늘 1큰술, 맛술은 조금
(추가로 식초 2큰술, 설탕 1작은술, 소금 약간)

❶
배와 오이는 껍질을 깎아 준비한다.

❷
고춧가루(4작은술), 고추장(1/2큰술), 양조간장(1.5큰술), 설탕(3작은술), 매실액(1큰술), 식초(3큰술), 다진 생강(2/3큰술), 다진 마늘(1큰술), 맛술을 조금 넣어 섞어 양념장을 만든다.

❸
배는 적당한 크기로 도톰하게 채 썰어 준비한다. 양파는 가늘게 채 썬다.

❹

당근은 딱딱하니 배보다 가늘게 썰어
준비한다.

❺

홍고추, 풋고추, 쪽파(5cm 정도 길이로),
오이도 채 썰어(손가락 두 마디 길이로) 준
비한다.

❻

전어 머리는 떼어주고 지느러미를 제거
후 최대한 얇게 썰어준다.

☆tip. 시장에서 전어회무침용으로 썰어달라
고 하면 썰어주는 곳도 있다.

❼

얇게 썬 전어를 미리 만든 양념장 한쪽
에 넣고 양념장이 쏙쏙 배도록 전어를
먼저 잘 버무려준다.

❽

미리 손질해 놓은 배, 오이, 쪽파, 당근,
홍고추, 풋고추를 넣고 함께 버무린다.

❾

입맛에 맞게 간을 소금으로 해준다.

⑩
식초와 설탕을 넣어 간을 해준다(새콤달콤하게).

간을 맞춘 후 먹기 좋게 썬 미나리를 넣어 섞어준다. 마지막은 통깨로 마무리!

나 홀로 간 맞춘 후 미나리 투척 ㅋㅋㅋ

구운 김에 전어회무침을 올리고 밥 한 술 올려 싸먹으면 완전 별미 완성!

소고기우엉조림

아삭아삭, 달콤 짭조름한, 식구들 모두를 위한 밑반찬!

우엉의 효능 천연 인슐린이라 불리는 이눌린이 풍부해 당뇨를 예방해주며 아르긴이 다량 함유되어 있어 피부 질환에도 효과적이다.

재료

다진 소고기 300g, 우엉 1대, 올리브유 1작은술, 다진 생강 1큰술,
다진 마늘 1큰술, 건고추 1/2개, 꿀 2큰술, 참기름 2/3큰술, 통깨 1큰술

양념 간장 3.5큰술, 물 120ml, 매실액 1큰술, 설탕 3작은술

• 우엉차 우엉에 들어있는 섬유소질이 배변을 촉진해 다이어트에 도움을 준다. 우엉잎은 비타민과 엽록소가 풍부해 독소 제거와 항산화 효과가 뛰어나다.
• 소고기우엉조림은 냉동 보관해도 해동 후 맛과 식감이 변하지 않는다.

우엉의 껍질을 벗긴 뒤 5cm 정도 길이로 썰어 곱게 채 썰고 생강(한 톨)을 강판에 갈아준다.

유리 볼에 간장(3.5큰술)과 물(120ml)을 넣고 섞고 매실액(1큰술), 설탕(3작은술)을 넣는다.

다진 생강 1큰술 + 다진 마늘 1큰술 첨가!

❸

프라이팬에 올리브유를 살짝 둘러 달군 후 우엉을 볶다 다진 생강(1큰술)과 다진 마늘(1큰술)을 넣고 볶는다.

고기 익기 전 양념장을 투하!

❹

우엉을 볶다가 팬 한쪽으로 몰아 두고 다른 한 쪽에 다진 소고기(300g)를 넣고 볶은 뒤 고기가 익기 전 만들어 둔 양념장을 붓고 천천히 조린다.

건고추 반개를 얇게 썰어 넣어주세요~

❺

태양초 건고추(1/2개)를 얇게 썰어 넣는다.

❻

계속 조리다 꿀(2큰술)을 추가한다.

꿀은 2큰술을 둘러서 넣어주세요

❼

약 5분간 더 볶아 국물이 거의 없이 조려지면 참기름(2/3큰술)과 통깨(1큰술)를 넣고 마무리한다.

참기름 2/3큰술 + 통깨 1큰술

완성

달콤 짭쪼름, 소고기우엉조림 완성!

하얀 쌀밥에 소박하고
정갈한 반찬만으로도
배가 부르고,
행복해질 수 있어요!

수미네
반찬

❶

소고기우엉조림의 우엉과 소고기를 잘
게 썰어준다.

❷

김도 적당한 크기로 자른다.

❸

계란(2개)은 잘 풀어서 지단을 부친 뒤
잘게 썬 후 우엉, 소고기와 잘 섞어준다.

참기름 + 깨소금 = 고소함이 2배!

❹
참기름과 깨소금을 넣어 섞어준다.

대박 대박
아~ 주먹밥으로~

대박
아~

❺
김 위에 밥과 지단, 우엉, 소고기를 놓고
동글동글하게 한 입 크기로 쥐어준다.

잊혀져가는 수많은 반찬을
식탁으로 소환시키는
수미 엄마의 손맛!

고들빼기김치

한 달간의 기다림 끝에 맛볼 수 있는 쌉싸름한 맛의 고들빼기김치!

고들빼기 9월~10월이 제철, 비타민이 풍부하여 피부 미용에 좋고 소화 기능 개선 등에 효과적인 뿌리채소

재료

고들빼기 1단, 실파 한 줌, 찹쌀풀 1컵, 멸치액젓 3큰술, 육젓 1큰술,
굵은 고춧가루 7큰술, 다진 생강 1큰술, 다진 마늘 1큰술, 설탕 4작은술,
매실액 2큰술, 통깨 3큰술, 생밤 3~4알

수미네
반찬

수미네 노하우
깨끗이 다듬은 고들빼기를 소금물에 일주일 동안 절여두면
특유의 쓴맛 제거, 잎을 부드럽게 만드는 데 효과적

❶

고들빼기는 뿌리를 깨끗이 다듬어 씻
은 후 소금물에 넣고 돌로 눌러 일주일
동안 절여준다. 그래야 쓴맛이 제거되
어 맛있는 김치가 된다.

❷

큰 볼에 찹쌀풀(1컵), 멸치액젓(3큰술),
칼로 다진 육젓(1큰술), 굵은 고춧가루
(7큰술), 다진 생강(1큰술), 다진 마늘(1큰
술), 설탕(4작은술), 매실액(2큰술), 통깨
(3큰술)를 넣고 잘 섞어 양념장을 만
든다.

수미네
반찬

한쪽으로 양념 몰고
슬슬슬슬 무쳐줘야 됩니다!

❸

한쪽으로 양념을 몰아서 고들빼기를
슬슬슬슬~~ 무쳐준다.

❹

실파는 꼭지를 잘라 고들빼기 길이에
맞춰(대략 10cm 정도) 잘라주고 생밤도
얇게 썬 뒤 고들빼기와 함께 버무린다.

❺

만든 고들빼기는 20일 정도 푹 익혀 먹
는다.

✱ tip. 쓴맛에 약하신 분들은 고들빼기를 소금
물에 일주일 절이는 거 꼭 기억하세요.

완성

익으면 절정의 맛을 내는 고들빼기김치!

고구마순 갈치조림

부두러운 고구마순과 담백한 갈치의 환상 컬래버레이션!

재료

갈치(대) 1마리, 무 200g, 밴댕이 2마리, 국물용 멸치 10마리,
감자 2개, 고구마순줄기 350g(껍질 벗긴 무게), 멸치 다시마 육수 4컵,
양조간장 100ml, 물 팬의 1/4정도(+추가), 마른 홍고추 2개,
매실액 1큰술

양념 풋고추 1개, 홍고추 1개, 대파 1대, 양파 1/2개. 고춧가루 4큰술,
다진 마늘 1큰술, 다진 생강 1큰술

①

갈치는 내장을 제거하고 먹기 좋게 썰어준다. 은분은 칼등으로 손질한다.

✴tip. 머리는 버리지 않고 사용한다.

②

조림용 육수는 물을 팬의 1/4정도 넣어준다.

③

무를 굵게 썰어준다. 육수 넣은 냄비에 양조간장(100ml), 밴댕이와 멸치, 무를 넣고 뚜껑을 닫아 국물을 내준다.

❹
양념장을 만들고 감자를 굵게 썰어준다.

TIP 양념장 만들기

ⅰ) 양파 1/2개는 큼직하게 3등분하고, 풋고추와 홍고추는 1개씩 어슷 썰어준다. 대파는 약 7cm 크기로 잘라준다.
ⅱ) 준비한 채소를 볼에 담고 다진 마늘 넘치게 1큰술, 다진 생강 1큰술을 넣어준다.
ⅲ) 고춧가루 4큰술을 넣은 후 끓이던 간장육수를 1/2컵 정도 넣어 섞어준다.

헐~ 진짜?

❺
끓이던 간장육수에 마른 홍고추(2개)를
넣는다.

❻
무를 찔러 익었는지 확인 후 무가 다 익
을 때 쯤 고구마순을 넣어준다.

❼
밴댕이를 빼준다.

tip. 밴댕이는 오래두면 써진다. 고구마순을
넣기 전에 빼는 것이 좋다.

❽

감자 깎은 것을 한쪽에 넣어준 후 갈치
를 넣어준다.

❾

갈치 위에 양념을 넣은 후 물을 약간(재
료가 자작하게 담길 정도로) 부어준다.

완성

매실액(1큰술)을 넣어준다. 잘 익을 때까
지 최소 20분 조리해주면 완성!

곤드레밥 우렁된장찌개 더덕구이
녹두전 오징어볶음 중동식 녹두새우샐러드
쯔란 오징어볶음 오징어튀김

곤드레밥

생긴 모습이 술에 취해 비틀거리는 모습과 비슷하다 하여 붙여진 이름!
담백한 맛과 부드러운 향이 으뜸!

재료

곤드레나물, 쌀, 물

양념 홍고추 · 청양고추 · 풋고추 · 쪽파 약간씩, 다진 마늘 1/2작은술,
간장 적당량

1

미지근한 물에 3시간 불려 놓은 곤드레
나물의 질기고 굵은 줄기 부분은 제거
한다.

tip. 말린 곤드레나물을 미지근한 물에 3시
간가량 불려준다.

2

밥솥에 씻은 쌀을 넣는다.

3

곤드레나물을 넣고 밥물을 붓는다.

tip. 나물에서 물이 나와 일반 밥을 할 때보
다 조금만 되게 하면 좋다(밥물이 손등
에 잠기지 않게).

얇게 썬 쪽파를 볼에 넣고
간장을 부어주면 ―끝―

④
홍고추와 청양고추, 풋고추를 잘게 다지
고 다진 마늘(1/2작은술), 얇게 썬 쪽파
를 볼에 넣고 간장을 넣어주면 양념장
완성!

완성
고슬고슬한 곤드레밥에 양념장을 더해
슥슥 비벼 한 술~

귀하던 것이 익숙해지고
풍족해졌지만 그 시절 옛 추억은
요즘 사라지고 있는 것 같아요.

우렁된장찌개

몸에 좋고 건강에 좋다는 우렁된장찌개, 지친 입맛을 되살려보세요~

재료

우렁이 250g, 애호박 1/2개, 두부 1모, 대파 1대, 풋고추 2개,
홍고추 1개, 대파 1대, 소금 약간, 물 적당량, 국물용 멸치 10마리,
밴댕이 2마리, 쌀뜨물 1L, 된장 2큰술, 다진 마늘 1큰술,
굵은 고춧가루 2작은술

❶

우렁이(250g)를 냄새 제거를 위해 소금물에 담가둔다.

❷

냄비에 국물용 멸치(10마리), 밴댕이(디포리. 2마리)를 기름 없이 덖는다.

tip. 국물용 멸치&밴댕이(디포리)를 덖어서 사용하면 비린내가 덜 난다. 간단히 덖은 후 쌀뜨물에 넣어준다.

❸

❷에 쌀뜨물(1L), 된장(2큰술)을 넣는다.

④
애호박(1/2개)과 두부(1모)를 먹기 좋은
크기로 깍둑썰기 한다.

⑤
국물이 끓으면 국물용 멸치와 밴댕이
를 건져내고 썰어둔 애호박을 냄비에
넣는다.

⑥
냄비에 다진 마늘(1큰술), 굵은 고춧가루
(2작은술)를 넣고 더 끓인다.

다진 마늘과 고춧가루를 넣어준다

❼

소금물에 담가둔 우렁이는 체에 밭쳐
물에 씻어 둔다.

❽

애호박이 익어갈 때쯤 두부를 넣고 우
렁이를 넣고 끓인다.

완성

송송 썰어둔 홍고추(1개), 풋고추(2개),
대파(1대)를 넣고 5분 정도 더 끓이면
완성!

더덕구이

더덕은 인삼, 해삼처럼 모래에서 나는 삼이라고 해서 중국에서는 사삼이
라고 부르기도 한다. 좋은 더덕은 산삼보다도 몸에 좋은 영양이 듬뿍~ 더
덕에 매콤한 양념을 발라 먹으면 꿀맛!

재료

더덕(대) 3개, 참기름 약간

양념 고추장 2큰술, 다진 마늘 1/2큰술, 실파 10g, 검은깨 1작은술,
통깨 1작은술, 양조간장 1/2큰술, 물 1큰술, 설탕 2작은술,
참기름 1작은술, 꿀 1큰술

❶

껍질 깐 더덕(3개, 350g)을 소금물에 담가 쓴맛을 없애고, 소금물에서 꺼낸 더덕을 세로로 3등분 해 썬 뒤, 방망이로 살살 두드려 편다.

❷

손바닥에 참기름을 약간 바른 다음 두드려 편 더덕에 발라준 뒤, 팬에 올려 기름 없이 약불로 초벌구이 한다.

❸

볼에 고추장(2큰술), 다진 마늘(1/2큰술), 잘게 썬 실파(10g), 검은깨(1작은술), 통깨(1작은술), 양조간장(1/2큰술), 물(1큰술), 꿀(1큰술), 설탕(2작은술), 참기름(1작은술)을 넣고 양념을 만든다.

tip. 꿀이 많이 들어가면 타므로 주의!

❹

초벌구이 한 더덕을 도마 위로 꺼낸 뒤 뜨거울 때 만들어둔 양념을 골고루 묻힌다.

더덕이 뜨거울 때 양념을 발라준다

❺

양념 바른 더덕을 약한 불의 팬에 올려 기름 없이 한 번 더 굽는다.

약한 불에서 양념한 더덕을 구워줍니다

완성

예쁘게 그릇에 담으면 완성!

218

녹두전

고소하고 바삭한 식감이 일품! 녹두전을 부칠 땐 들기름을 아끼지 마세요!

재료

녹두 4국자(3시간 동안 불려서 준비), 다진 돼지고기 300g, 묵은지 1/4포기,
찹쌀가루 1/2컵, 멥쌀가루 4~5큰술, 다진 마늘 한 움큼(4큰술 정도),
생강 1개, 소금 1/5작은술(+1작은술), 대파 1대, 들기름 넉넉히,
장식용 홍고추, 소금과 후춧가루 약간씩, 물 적당량

❶

강판에 생강을 갈아 쭉~ 짜서 즙을 내
준다.

❷

생강즙에 후춧가루를 3번 털고, 소금
(1/5작은술)을 넣어준다.

❸

다진 돼지고기를 생강즙에 잘 버무려
서 잠시 재워둔다. 그리고 나서 다진 마
늘(한 움큼)을 넣는다.

tip. 생강즙은 돼지고기의 잡냄새를 제거한다.

다 썬 묵은지를 다지는 수미쌤

❹

묵은지는 흐르는 물에 씻어서 양념을 모두 씻어내고 심지는 자른 뒤 세로로 칼집을 내고 잘게 썬다. 그다음 식감 있게 잘게 다진다. 대파는 세로로 자르고 곱게 다진다.

3시간 동안 불려 놓은 녹두

❺

3시간 동안 불려 놓은 녹두를 믹서기에 넣고 녹두가 잠길 정도로 물을 넣어 준다.

녹두를 어느 정도 갈고 찹쌀가루 투하

❻

녹두가 씹힐 수 있도록 거칠게 갈아주고, 녹두를 어느 정도 갈면 찹쌀가루(1/2컵 정도)를 넣고 물을 보충하면서 한 번 더 갈아준다.

❼

반죽에 묵은지, 대파, 다진 돼지고기를 모두 넣어 섞어준다. 점도를 보고 멥쌀가루(4~5큰술)를 넣어준다.

✿ tip. 녹두만 넣고 전을 부치면 잘 부서지기 때문에 멥쌀가루를 넣고 반죽의 점도를 높인다.

멥쌀가루도 넣어주세요

❽

반죽에도 소금을 살짝 넣어준다. 팬에 들기름을 넉넉히 둘러준다.

반죽에도
소금을 살짝

❾

한 국자 퍼서 적당한 두께와 크기로 부쳐준다(손바닥 크기 정도로). 홍고추를 얇게 썰어 고명으로 올려준다.

✿ tip. 녹두전을 부칠 땐 들기름을 아끼지 말 것

갓수미의Tip
녹두전을 부칠 땐 들기름 아끼지 마세요

222

완성

노릇하게 양쪽을 뒤집어가며 부쳐주면
완성!

묵은지를 넣어 가며 저렴하고
바삭바삭한 식감을 선사하는 녹두전

초간장에 곁들여 먹어요.

그냥 이렇게 짜세요

오징어볶음

밥, 소면, 모두와 환상의 조합을 이루는 오징어볶음!

재료

오징어 3마리, 대파 1대, 양파 1/2개, 당근 1/2개, 팽이버섯 50g,
청양고추 1개, 홍고추 1개, 표고버섯 2개, 깻잎 2~3장,
굵은 고춧가루 3작은술, 통깨 1작은술, 소면 적당량,
굵은소금 1큰술, 물 약간, 참기름 1큰술

양념 양조간장 3큰술, 굵은 고춧가루 2작은술(추가 3작은술),
고추장 크게 2큰술, 설탕 3작은술, 다진 마늘 1.5큰술, 후춧가루 약간

오징어 벗기기 팁!

ⅰ) 껍질 안쪽으로 엄지손가락을 넣는다.

ⅱ) 한 바퀴 돌려 껍질을 잡는다.

ⅲ) 아래쪽으로 쑥 내리면 껍질이 한방에!

아래로 쑥 내리면 껍질이 한방에!

최 셰프의 오징어 껍질 벗기기 TIP

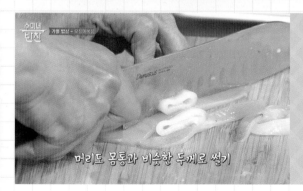

머리도 몸통과 비슷한 두께로 썰기

❶
오징어 다리 부분은 깨끗하게 씻어 하나씩 썬다. 오징어 몸통 부분을 링 모양으로 썰고, 머리 부분도 적당한 크기로 썬다.

❷

볼에 양조간장(3큰술), 고추장(크게 2큰술), 굵은 고춧가루(2작은술), 설탕(3작은술), 후춧가루(조금), 다진 마늘(1.5큰술)을 넣고 양념장을 만든다.

❸

양파(1/2개)를 얇게 채 썰고, 당근(1/2개)을 약 5cm 길이로 채 썬다. 홍고추(1개), 청양고추(1개)는 얇게 어슷 썬다. 팽이버섯(50g)을 준비하고, 자루 제거한 표고버섯(2개)을 채 썰고, 대파(1대)는 약 5cm 길이로 도톰하게 채 썬다.

대파도 다른 재료들과
비슷한 크기로 큼직하게

❹

30분간 숙성시킨 양념장을 오징어와 준비한 채소들에 반씩 넣어 각각 버무린다.

아까 한 양념의 반은 오징어에 덜어 놓고

❺

양념에 버무린 오징어를 채소와 함께
섞는다.

❻

센 불로 달군 팬에 양념된 오징어와 채
소를 넣어 볶다가 반쯤 익으면 참기름
을 먼저 한 번 둘러주고 통깨를 넣어 익
힌다. 굵은 고춧가루(3작은술)를 추가하
고 더 볶는다.

tip. 고춧가루는 취향에 따라 넣을 사람만.

❼

불을 끄고 적당량의 깻잎을 채 썰어 넣
는다.

227

완성

통깨도 뿌려주고 소면을 곁들여 비벼
먹는다.

미카엘 셰프

중동식 녹두새우샐러드

톡톡 터지는 녹두의 식감과 상큼함의 조화로
입맛을 돋우는 애피타이저!

재료

삶은 녹두 2컵, 적양파 1/2개, 토마토 1/2개, 다진 마늘 1/2큰술,
올리브절임 5개, 다진 파슬리 한 줌, 올리브오일 4~5큰술, 버터 1큰술,
새우 10마리, 레몬 1개, 치즈 약간, 소금과 후춧가루 약간씩

❶
녹두는 소금 간 없이 끓는 물에 삶아 준
비한다.

❷
적양파는 잘게 썰어준다.

적양파는 잘게 썰어준다

❸
삶은 녹두에 썰어둔 적양파를 넣고 잘
게 썬 토마토, 곱게 다진 마늘, 얇게 썬
올리브절임, 다진 파슬리를 넣는다.

잘게 썬 토마토, 채 썬 마늘, 올리브절임, 파슬리를 넣는다

❹

레몬(1개)은 즙을 짜서 넣는다.

❺

올리브오일을 둘러준다.

❻

소금, 후춧가루를 넣고 아기 다루듯 잘
버무려준다.

셰프 반찬°

❼

새우는 껍질을 까고 내장을 제거한 후
에 소금, 후춧가루로 간을 하고 올리브
오일과 버터를 두른 팬에 구워준다.

접시에 버무린 채소를 올리고 치즈와
구운 새우까지 올리면 완성!

상큼함이 어우러진 중동식 녹두새우샐
러드 good!

여경래 셰프

쯔란 오징어볶음

오징어의 촉촉함과 알싸하면서 톡 쏘는 맛이 일품!

재료

피망 1/2개, 홍고추 1개, 생강 1개, 마늘 3개, 대파 1대,
오징어 2마리, 건고추 1개, 간장 1작은술,
두반장 1작은술, 고추마늘소스 1큰술, 굴소스 1/2큰술, XO소스 1큰술,
후춧가루 약간 , 튀긴 마늘 1큰술, 빵가루 1큰술, 젖은 빵가루 1큰술,
쯔란 1/2큰술, 참기름 1큰술

❶

피망과 홍고추는 잘게 썬다.

❷

생강, 마늘, 대파도 잘게 썬다.

❸

껍질 벗겨 손질한 오징어 몸통을 반으로 자르고, 칼을 비스듬하게 눕힌 상태로 칼집을 내고 체크 모양으로 칼집을 한 번 더 낸다.

❹

칼집 낸 오징어를 먹기 좋은 크기로 썰어서 끓는 물에 데친다.

❺

오징어를 체에 걸러 물기를 완전히 제거한다.

❻

데친 오징어는 체에 받쳐 물기를 빼고 기름에 볶는다.

❼

잘게 썬 건고추, 파, 마늘, 생강, 간장(1작
은술)을 넣고 볶는다.

❽

파와 마늘 향이 나기 시작하면 썰어둔
피망, 홍고추를 넣고 두반장, 고추마늘
소스, 굴소스를 넣는다.

❾

XO소스를 같이 넣어서 매콤한 향을 더
한다.

tip. XO소스 : 중국 음식에 매운맛을 내는 용
도로 많이 사용하는 해산물 소스.

❿

팬에 오징어를 넣고 후춧가루, 튀긴 마늘, 빵가루, 젖은 빵가루를 넣고 볶는다.

완성

기호에 따라 쯔란을 넣고 볶다가 참기름을 넣어 윤기를 내며 마무리~~

tip. 색감을 위해 홍고추 대신 홍피망을 넣어서 오징어볶음을 만들 수 있다.

극강 비주얼!

최현석 셰프

오징어튀김

바삭한 오징어튀김과 상큼한 소스의 매력적인 만남!

타임Thyme 고기, 생선, 국물 요리에 쓰이는 허브.
이탈리아에서 많이 쓰는 양갈비 등을 재울 때 잡내
를 잡기 위해 쓰는 허브, 조그만 화분 가게에서 제일
많이 파는 것이 로즈마리하고 타임이다.

재료

오징어 2마리, 마요네즈 3큰술, 다진 타임(허브) 1/2큰술, 레몬 1개,
꿀 1큰술, 우유 1컵, 소금 약간, 튀김가루 2컵, 튀김기름 적당량, 실파 약간

①

마요네즈(3큰술), 잘게 다진 타임(허브, 1/2큰술), 레몬즙(1개 분량), 꿀(1큰술)을 넣고 잘 섞어서 오징어튀김 소스를 만든다.

②

손질한 오징어에 우유를 붓고 소금을 넣어서 섞는다.

③

우유에 담근 오징어를 건져 튀김가루에 넣고 가볍게 버무린다.

❹

달궈진 기름에 오징어를 넣고 노릇하게 튀겨낸다.

완성

오징어튀김에 소스를 뿌리고 실파를 올리면 완성!

감동뿐 아니라
힐링도 되는 요리의 힘!

난 왜 이렇게 음식을 잘하니

동민이 때문에 못 살아ㅋㅋㅋ

새뱅이 무찌개, 새뱅이튀김 / 고춧잎된장무침
무말랭이무침 / 울외장아찌 유부초밥
해물냉파스타 / 멘보샤 / 돼지고기 안심말이

새뱅이 무찌개

달달한 무와 새뱅이가 만들어낸 최고의 궁합!

재료

새뱅이(민물새우) 500g, 물 100ml(+800ml), 무 1/2개,
소금 1작은술(+2작은술), 고춧가루 2작은술, 국간장 2큰술,
양조간장 2큰술, 다진 마늘 1/2큰술, 쪽파 5대, 후춧가루 약간

✄ **새뱅이 손질** 식초를 조금 넣어 살살 씻은 뒤 흐르는 물에 한 번만 헹궈주세요.

❶

무(1/2개)는 2cm 굵기로 나박나박 썬다.

⭐ tip. 무에는 탄수화물을 분해하는 효소인 '디아스타아제'가 풍부하다.

❷

냄비에 물을 조금 넣고 썬 무, 소금(1작은술)을 넣고 볶는다.

⭐ tip. 무를 먼저 살짝 볶으면 간이 더 잘 배고 쉽게 부서지지 않는다.

❸

무가 어느 정도 익으면 물(800ml)을 넣고 끓여 무를 익히고, 고춧가루(2작은술), 다진 마늘(1/2큰술), 새뱅이(500g), 후춧가루(조금), 국간장(2큰술)을 넣는다. 물이 부족하면 물을 더 넣어 국물이 자작하게 만든다.

4

기호에 따라 양조간장(2큰술), 소금(2작은술)을 넣어 간을 맞춘다.

완성

쪽파(5대)는 2cm 길이로 썰어 넣은 뒤 불을 끄면 완성!

캬~ 국물 맛이 끝내줘요!

①

새뱅이는 후춧가루와 소금으로 간한다.

②

튀김가루 반죽은 약간 질척하게 해서
새뱅이를 투하! 취향에 따라 다른 재료
를 넣어도 OK!

③

튀김옷을 입은 새뱅이는 기름 속으로!
(넓적하게 해도 된다!)

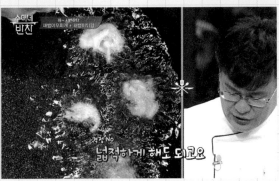

완성

바삭하게 튀겨 그릇에 담아낸다.

tip. 각각 튀기면, 맥주 안주!

초간장에 곁들여 먹으면 good!

고춧잎된장무침

고춧잎을 이용해 간단하게 무쳐 먹는 반찬! 새콤하고
알싸한 맛이 일품!

고춧잎 칼슘, 칼륨, 베타카로틴, 비타민 C 등이
풍부해 신진대사를 원활히 하고 항산화 작용에도
도움이 된다.

재료

데친 고춧잎 2줌, 소금 약간, 물 적당량

양념 된장 1큰술, 다진 마늘 1큰술, 고추장 1/2큰술, 쪽파 3대,
참기름 1큰술, 통깨 1큰술

❶

소금을 넣은 끓는 물에 고춧잎을 넣고 충분히 데친다(1분 30초 정도).

❷

부드러운 식감을 위해 굵은 줄기가 살짝 뭉개지는 정도까지 데친다.

❸

고춧잎을 건져 찬물에 바로 넣고 흐르는 물에 씻는다. 그리고 물기는 살짝 짜준다.

④

볼에 된장(1큰술), 고추장(1/2큰술), 다진 마늘(1큰술), 쪽파를 쫑쫑쫑~ 썰어 넣고 참기름(1큰술), 통깨(1큰술)까지 고소~하게 넣어주면 고춧잎된장무침 양념 끝!

완성

고춧잎에 양념을 조금씩 섞어가며 조물조물 무쳐주면 완성!

고춧잎에 양념을 조금씩 섞어가며 조물조물

맛~있다!

무말랭이무침

오독오독한 식감과 달짝지근하면서 매콤한 맛이 일품!

재료

불린 무말랭이 3컵 정도(200g), 조청 8큰술, 고춧잎 65g,
다진 마늘 2큰술, 고춧가루 8작은술, 통깨 1큰술, 양조간장 2큰술,
고추장 1큰술, 참기름 1큰술, 소금 약간, 물 적당량

❶

무말랭이는 뜨거운 물에 20분 정도 불린 뒤 꺼내 찬물에 식혀 꼭 짠다.

✿ tip. 무말랭이는 씻을 때 여러 번 주물러 헹구어 쓴맛을 없애고 따뜻한 물에 20분 정도 데친다(꼬들꼬들해야 함).

Tip
무말랭이는 뜨거운 물에 살짝 데쳐 바로 건져야 오독오독한 식감을 즐길 수 있어요!

❷

불린 무말랭이(200g)에 조청(4큰술)을 넣어 재운다.

먼저 무말랭이를 조청에 재운다

❸

고춧잎(65g)을 소금 넣은 물에 데친 후 찬물에 담가 물기를 짠다.

그 사이 고춧잎을 살짝 데치고

252

❹
재워둔 무말랭이에 다진 마늘(2큰술),
데친 고춧잎을 넣고 버무리다 생기는
물기는 꼭~ 짜서 제거한다.

극강 비주얼

완성

고춧가루(8작은술), 참기름(1큰술), 통깨
(1큰술), 양조간장(2큰술), 조청(4큰술), 고
추장(1큰술)을 넣고 버무린다.

오도독, 오도독!

수미네반찬

울외장아찌 유부초밥

풍부한 식감으로 입안을 사로잡는 울외장아찌 유부초밥!

울외 박과에 속하며 참외와 비슷하지만 단맛이 없고 크며, 주로 장아찌를 만들어 먹는다.

울외장아찌 울외를 소금에 절여 수분을 빼 술지게미로 만든 자연 발효 식품. 군산의 특산물로 특히 유명하다.

재료

간 소고기 240g, 울외장아찌 30g, 잔멸치 30g, 조미유부 20장, 밥 3공기, 다진 마늘 1/2큰술, 양조간장 1큰술, 올리브유 1작은술, 식초 1큰술, 설탕 2.5작은술, 꿀 1작은술, 참기름 1큰술, 후춧가루 약간

❶

간 소고기(240g)는 다진 마늘(1/2큰술),
후춧가루, 양조간장(1/2큰술), 설탕(1작은
술)을 넣고 재워 뒀다 아주 약한 불에서
타지 않게 볶는다. 소고기는 뭉치지 않
도록 볶는다.

❷

밥(3공기)에 식초(1큰술), 볶은 고기, 설탕
(1.5작은술)을 넣는다.

❸

울외장아찌(30g)는 잘게 다져 밥에 넣
는다.

④

달군 팬에 올리브유를 두르고 약한 불로 줄인 뒤 잔멸치(30g), 양조간장(1/2큰술), 참기름(1큰술)을 넣고 볶다 불을 끈 다음 꿀(1작은술)을 넣고 버무린다.

완성

밥에 ④의 멸치볶음(5큰술)을 넣고 섞어준 뒤 유부에 채우면 완성!

풍부한 식감으로 입안을 사로잡는 유부초밥!

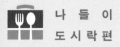

나들이
도시락편

최현석 셰프

해물냉파스타

깔끔하면서도 전혀 느끼하지 않은 해물냉파스타!
색다른 맛으로 아이들도 부담 없이 먹을 수 있어요!

재료

파프리카 2개(노랑, 빨강 1개씩), 가리비 관자 10개, 갑오징어 2마리,
새우살 15개, 푸실리 290g(삶은 뒤 올리브유 발라 준비), 통마늘 5알,
스위트 바질 8g, 소금과 후춧가루 약간씩, 일본 간장(쯔유) 1/2큰술,
올리브유 듬뿍, 물 적당량

❶

냄비에 물을 넉넉히 붓고 끓인다. 냄비에 소금을 조금 뿌려준다.

❷

불을 켜서 파프리카를 올려 파프리카를 태우듯이 굽는다. 껍질이 완전히 탈 때까지 태워준다.

❸

가리비 관자를 가로로 3등분으로 썰어준다.

❹

손질한 갑오징어를 세로로 2등분한 뒤 얇게 회 뜨듯 포를 뜬다(얼굴이 비칠 정도로 아주 얇게).

❺

끓는 물에 가리비 관자를 넣고 살짝 데 쳐준다.

❻

갑오징어도 데치는 둥 마는 둥 데친다.

❼

달군 팬에 올리브유(1/2큰술)을 두르고
손질한 새우살을 넣고 볶아준다. 여기에
소금을 살짝 뿌려준다.

❽

태운 파프리카를 찬물에서 살살 문질러
껍질을 벗겨 준다.

tip. 파프리카의 껍질을 태우면 단맛이 더 나
고 식감도 좋아진다.

❾

파프리카는 씨를 제거하고 키친타월로
물기를 제거한다.

⑩

파프리카를 마늘종 두께로 채 썰고, 통마늘(5알)을 얇은 편으로 썰어준다.

스위트 바질 8g을 손으로 뜯어 넣는다

⑪

볼에 삶은 해산물과 미리 삶은 파스타를 넣고 채 썬 파프리카, 편 썬 마늘을 넣는다. 바질잎은 손으로 툭툭 뜯어 넣는다. 후춧가루와 소금을 조금 뿌려주고 올리브유를 듬~뿍(3~4큰술) 넣어준다.

⑫

맛이 나는 일본 간장(쯔유, 1/2큰술)을 넣고 함께 섞어준다.

신선한 해산물, 아삭한 채소, 올리브유
의 완벽한 삼박자!

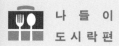

여경래 셰프

멘보샤

바삭한 식빵과 탱글탱글한 새우의 만남!

재료

통식빵 6cm 두께 1장, 새우살 1컵, 계란 흰자 1/2개,
소금과 후춧가루 약간씩, 워터체스트넛(물밤) 180g, 기름 적당량

①

살짝 얼린 통식빵의 한쪽 면을 잘라낸다. 3면은 식빵 껍데기가 붙어있도록 한쪽 면만 자른다.

②

식빵을 7mm 두께로 썬다.

③

7mm 두께로 썬 후 나머지 식빵을 모두 자르고 식빵의 각진 모서리는 잘라서 정리해준다.

④

빵 조각의 절반을 넓은 접시에 깐다(자른 빵 2개가 한 세트).

⑤

메인 재료인 새우살을 다져서 볼에 담는다. 새우살에 소금과 후춧가루로 밑간을 한다.

✗ **tip.** 너무 잘게 다지면 새우의 식감을 느낄 수 없다.

⑥

계란 흰자(1/2개)와 소금, 후춧가루를 넣어 새우살과 반죽한다. 워터체이스넛(물밤, 180g)을 잘게 다져 넣고(이때 물기는 꼭 짜서 넣는다.) 반죽한다.

❼

동그랗게 빚은 새우 반죽을 빵 위에 하
나씩 올린다. 남겨둔 절반의 식빵을 반
죽 위에 하나씩 덮고 빵 가운데를 살짝
눌러준다.

❽

수저나 잼 바르는 나이프로 빵 사이로
삐져나온 반죽을 고르게 다듬는다.

❾

빵을 낮은 온도의 기름에 튀긴다. 낮은
온도에서 중간 불로 서서히 온도를 높
여가면서 튀긴다.

tip. 센 불에서 익히면 식빵은 타고 새우는
익지 않는다.

완성

골고루 잘 튀겨질 수 있도록 한 번씩 뒤집어주면 완성!

tip. 온도를 낮추면 재료의 수분이 빠져나가고 빵은 기름을 먹기 때문에 튀김을 건질 때까지 불을 끄지 않아야 바삭한 멘보샤를 맛볼 수 있다.

겉은 바삭 바삭 + 속은 부드러움

침샘 폭발 비주얼!

착함 100
요리 100
예능감 -9999

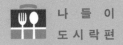

미카엘 셰프

돼지고기 안심말이

치즈가 안심 속에서 채소와 어우러져 정말 맛있어요!

재료

돼지고기 안심 400g(2인분 기준, 자르지 말고 통째로 달라하세요.),
오이피클 4쪽, 스모크치즈 6쪽, 모짜렐라치즈 1~2줌, 당근 3~4줄기,
양송이버섯 1개, 쪽파 1대, 베이컨 1장, 소금 약간,
통후추 약간, 올리브유 적당량

①

돼지고기 안심(400g)을 반으로 자른다.
끝 부분이 붙어있도록 칼집을 낸다(버터
플라이컷).

🍳 **tip.** 싹둑 잘라내면 안 된다. 두둘겨 펴줄
거라 양면을 펼친다고 생각하면 된다.

②

버터플라이컷 한 고기에 비닐을 덮어
고기 망치로 얇~게 골고루 두둘겨 펴
준다.

③

두둘겨 펴진 고기에 소금, 통후추를 적
당히 뿌려 밑간한다.

셰프 반찬 °

❹

밑간 된 펼쳐진 고기 위에 베이컨(1장), 쪽
파(1대), 길게 채 썬 당근(1~2줄기), 반달로
썬 스모크치즈(6쪽), 편 썬 양송이버섯(1
개), 편으로 썬 오이피클 4쪽, 또 채 썬 당근
(1~2줄기), 모짜렐라치즈(약간)를 올려준다.

tip. 치즈가 접착제 역할을 한다.

❺

비닐을 이용해서 고기를 김밥처럼 말아
준다.

❻

김밥처럼 말아놓은 고기를 벌어지지 않
게 이음새를 이쑤시개로 꿰매듯이 고정
한다.

❼

올리브유를 두른 팬에 이쑤시개로 꿰맨 쪽이 밑으로 향하게 두고 중약불로 뒤집어가며 구워준다.

완성

적당한 크기로 잘라 담아주면 완성!

여러 색깔이 총총총!

정겹고도 그리운 맛을 느낄 수 있는 〈수미네 반찬〉에 오신 것을 환영합니다.

수미네 반찬
김수미표 느둥만둥 레시피북 ②

2019년   4월 10일 1판 1쇄 발행
2024년 11월 13일 1판 22쇄 발행

지은이 | 김수미·여경래·최현석·미카엘 아쉬미노프·tvN 제작부
펴낸이 | 이종춘
펴낸곳 | BM ㈜도서출판 성안당
주소 | 04032 서울시 마포구 양화로 127 첨단빌딩 3층(출판기획 R&D 센터)
       10881 경기도 파주시 문발로 112 파주 출판 문화도시(제작 및 물류)
전화 | 02) 3142-0036
       031) 950-6300
팩스 | 031) 955-0510
등록 | 1973. 2. 1. 제406-2005-000046호
출판사 홈페이지 | www.cyber.co.kr
ISBN | 978-89-315-8703-6
       978-89-315-8700-5(세트)
정가 | 17,000원

이 책을 만든 사람들
기획·편집 | 백영희
레시피 정리 | 키친 콤마 대표 김지현
화면 편집 | 이용희
교정 | 오영미
표지·본문 디자인 | 박소희
홍보 | 김계향, 임진성, 김주승, 최정민
국제부 | 이선민, 조혜란
마케팅 | 구본철, 차정욱, 오영일, 나진호, 강호묵
마케팅 지원 | 장상범
제작 | 김유석

www.cyber.co.kr
★★★
성안당 Web 사이트

■ 도서 A/S 안내

성안당에서 발행하는 모든 도서는 저자와 출판사, 그리고 독자가 함께 만들어 나갑니다.
좋은 책을 펴내기 위해 많은 노력을 기울이고 있습니다. 혹시라도 내용상의 오류나 오탈자 등이 발견되면 **"좋은 책은 나라의 보배"**로서 우리 모두가 함께 만들어 간다는 마음으로 연락주시기 바랍니다. 수정 보완하여 더 나은 책이 되도록 최선을 다하겠습니다.
성안당은 늘 독자 여러분들의 소중한 의견을 기다리고 있습니다. 좋은 의견을 보내주시는 분께는 성안당 쇼핑몰의 포인트(3,000포인트)를 적립해 드립니다.
잘못 만들어진 책이나 부록 등이 파손된 경우에는 교환해 드립니다.